樂活菜園
吳當——著

陶淵明的夢

02

序

讀書人都有一個陶淵明的夢。仕途不順、職場壓力太大，腦海中就不覺浮起陶淵明〈歸去來辭〉中的感嘆：「歸去來兮！田園將蕪胡不歸？」退休的文人更會吟哦起：「引壺觴以自酌，眄庭柯以怡顏，倚南窗以寄傲，審容膝之易安。園日涉以成趣，門雖設而常關。」是啊！晴耕雨讀，從此生活就在田園與書香中輪轉，何等愜意！

我有個同事羨慕田園生活，購地建屋，準備當個新農夫。七月退休後就開始拿起鋤頭，每天到田裡報到。他過慣了規律的生活，仍然準時上下班：八點上工，十二點收兵；午休後又繼續工作到五點。幾個星期下來，不但頻頻中暑，也瘦了一大圈，後來又生了一場莫名其妙的病，渾身無力，忽冷忽熱，再也無法工作。他說給朋友們聽，大家都笑他：哪有這樣的農夫！鄉下人摸黑做早餐，天一亮就上田，十點左右回家；下午則

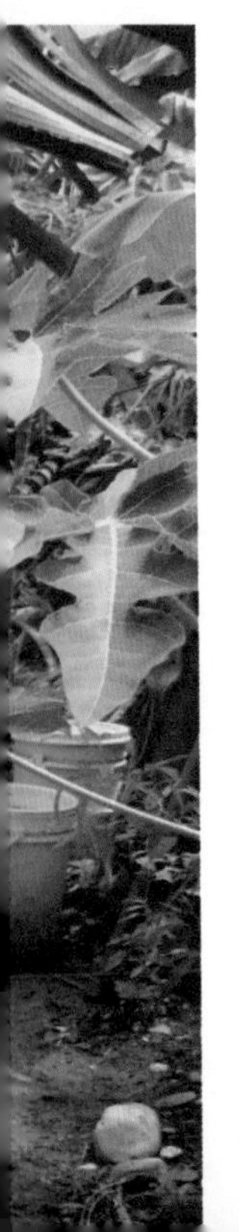

⊙欣欣向榮的菜園

是躲過正午的豔陽，由太陽西斜做到夜幕籠罩。頂著驕陽工作，哪有人不生病的？他病好後，打消了農夫夢，逢人就說：「當農夫，不是我們這種拿粉筆的人幹的。」

我沒有坐擁大片農田的壯志，只想有一小塊地，種一點菜就心滿意足了。可是都市叢林裡寸土寸金，到哪兒尋覓菜地？有人建議：用保麗龍盒盛土在屋頂種菜。我一想到盛夏的豔陽，只要一天不澆水，菜就會變成菜乾了，始終不敢輕易嘗試。

年初，毗鄰而居的里長突然問我：「你想種菜嗎？大排水溝旁的空地可以去種種看。」那塊地已荒了十幾年，雜草長得比人還高，從來都沒有人想到要利用它來種菜，里長說：「經常請人來除雜草也不是辦法，種菜可以美化環境，也可以生產，一舉兩得。」有了里長的囑咐，第二天我就去觀察地形了。

空地上已有了鄰居郭太太先行開挖的菜畦，我表明了里長的用意，她讓出後面的土地讓我試試。我望著荒地，想到近耳順之年才有一塊可以免費種菜的土地，欣喜中有一種幸福之感。當下就決定馬上開工。

買了鋤頭、耙子、小鐮子、剪子、水壺等用具，穿上工作服，戴上斗笠，向親愛的老婆揮揮手就開始第一步：挖地整菜畦。由於求學

⊙菜園初闢時的模樣

時寒暑假都在田裡工作，有許多農事的經驗，所以整地工作對我來說並不困難。我畫出每個寬約一百公分寬的菜畦，鋤溝、鬆土。沒想到表土下都是石頭，大大小小的石頭很快就堆得像小山一樣。除了石頭就是土香草。我很有耐心的挖著，草也堆得像小丘一樣。我的力量像四輪傳動車，奮力挺進，一個早上已挖好了一畦。下午繼續工作，儘管汗流浹背，我仍是衝勁十足，又挖好了一畦。傍晚，我帶著滿身的疲憊和笑容，開心的回家了。夜裡夢見菜園裡長滿了各色蔬菜，我站在園中猶如閱兵的統帥，笑得像晴空中的太陽。

第二天起床，全身痠痛，差點拿不起鋤頭；但為了菜園，當然還是得繼續努力。挖著石頭和雜草，頭頂上炙熱的豔陽晒著，背上熱得火燙，汗水流進眼裡，一陣刺痛，整個人昏昏沉沉的，似乎中暑了，趕緊到樹蔭下休息。想起年輕時在田裡工作，哪裡知道累；掄著鋤頭像裝了馬達的機器，哐哐作響，渴了就到清澈的溪水裡像牛一樣喝水；而今，數十年沒拿鋤頭，體力已大不如前，想起前人對文人的描寫：「四體不勤，五穀不分，手無縛雞之力」，實在貼切之至。

菜畦有了模樣，我開始種菜囉。先參觀附近人家的菜園，翻農民曆查時令蔬菜，到種子店詢問並購買菜籽，向好友要菜苗……。

⊙菜園揭開了成長的序幕

於是種下了最容易存活的蔥、紅菜、韭菜；買來了胭脂茄、青椒、黃椒、大陸妹、木瓜等菜苗；播下了玉蜀黍、秋葵、南瓜等種子，把所有的希望一古腦都種了下去。

雖然菜園只有約二十坪大，管理起來卻比想像中費事。由於採用多元種植，小規模經營，因此施肥、除蟲都十分容易，最困擾的是澆水與除草。附近沒有乾淨的水源，我必須從百公尺外的家中提水過來。今年台東缺水，有時整整一個月不曾下過一滴雨，菜園嚴重乾旱，眾菜們個個形容枯槁，讓我十分不忍。至於雜草更是令我煩惱。由於我低估了土香草的繁殖力，整地時並未清理乾淨，種上菜後，它們長得比菜苗還多還快，我每天都得拿小鏟子挖土香草；如果幾天未挖，就幾乎成了土香草地毯，尤其是下過雨後，已分不清是種菜還是種土香草了。看到滿菜園的草，就不覺想起陶淵明〈歸田園居詩〉的名句：「種豆南山下，草盛豆苗稀。」如果菜園面積再大個一、二倍，我相信離陶淵明描述的情況一定不遠，因為草的繁殖力的確不容小覷啊。

雖然菜園的水與草讓我煩心，但我早晚辛勤的照顧也是有代價的。菜們長得欣欣向榮：蔥不大，卻香氣濃郁；大陸妹又脆又嫩；補血的紅菜營養滑嫩；高級保健蔬菜秋葵，天天都有收穫；珍珠糯玉米Q軟香甜；菜豆、敏豆清甜爽口；胭脂茄既美又好吃……。最重要的是這些蔬菜都是有機種植，絕對不施化肥，不噴農藥，新鮮安全。常年陷在農藥殘留、荷爾蒙催熟的作物陰影裡，能品嚐自己種的菜，是何等幸福的事！

無論晨曦中或是夕陽下，我總喜歡徘徊在菜園裡，看菜葉上晶瑩的露珠，彷彿鑽石水珍珠；看蔬菜們在清涼的晨風中婆娑起舞，好像曼妙的少女；看紅霞裡的茄子、敏豆、玉蜀黍，彷如懷著美夢，即將在夜幕中甜甜睡去。這時的我就像眾菜們的父母，輕輕對它們說：「乖，寶貝們，這是你們舒適

的窩，希望你們快快長大！」然後，我的心像擁有一群乖巧善良的嬰兒，甜蜜的、微笑的、滿足的，回家！

陶淵明的〈讀山海經〉第一首有這樣的詩句：「既耕亦已種，時還讀我書。……歡言酌春酒，摘我園中蔬。……泛覽周王傳，流觀山海圖。俯仰終宇宙，不樂復何如？」在喧囂的市廛裡，擁有一座幽靜的菜園，和眾菜們同甘共苦，彷彿我已化身為陶淵明，融入他那「此中有真意，欲辨已忘言」的境界裡了。

壬辰年春　台東鯉魚山下

Contents

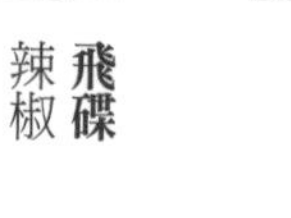

02

花絮篇

186

03 附錄篇

197

附註vv

書中各篇文末的「**小百科**」係參考醫學百科、有機農業全球資訊網、維基百科、樂活營養師等網站撰寫，其中營養價值及療效僅供讀者們參考。「**美菜小撇步**」則為筆者種菜心得，文章中亦有不少描寫，請讀者們詳細參閱。

苦瓜情事

種苦瓜的季節到了，但聽說苦瓜難種，也沒去問什麼原因就決定要種了，反正種菜只是為了興趣，與收穫沒太大關係。

到種子店，老闆說一顆七元，我沒料到會這麼貴，只帶了二十元，他大方的給了我三顆。路過菜攤，斗大的紙板牌子上寫著：「苦瓜一條十元」，碩大的苦瓜像個白白胖胖的小娃兒。

到了菜園，算算株距，挖了四個洞，再去補買了一顆，把它們埋下去就開始期待囉。

整整澆了半個月的水卻沒動靜。我耐不住，挖開一點旁邊的泥土偷偷瞧瞧，喝！竟然看見一根雪白的芽柄，我趕緊蓋上泥土。第二天它就推開泥土，準備誕生了，我澆水時向它說：「抱歉！你在泥土裡實在待太久了。」它的子葉冒出來時，我差點放一串鞭炮慶賀。

四顆種子最終只發了二棵芽。我去問老闆，他說：「不然你買苦瓜苗，一棵十五元。」早知道發芽率不高，當初買苗就好，說不定現在就有苦瓜可吃了。我決定不再買，只用心照顧著這對孿生兄弟。

苦瓜苗長得很秀氣，不像旁畦的那些菜豆苗手腳靈活，一個晚上就爬了好幾公分高。它用一種貴婦人的姿態，慢慢地長著。我立了兩根柱子把它們靠在上面。奇怪的是它們的觸鬚並不往柱子勾，風一吹藤蔓就掉下來了。我小心翼翼地把它的長鬚繞在柱子上，第二天早上它又鬆脫了。我找來紅色塑膠繩把它綁在柱子上，想：看你還不乖乖就範！沒想到它硬是不爬，整個星期都在跟我鬧彆扭。我把它像要去受刑的囚犯，五花大綁的。妻看了覺得真不可思議：「藤蔓植物不爬架子，倒是罕見。」我心想：幸好也只有兩棵，多費一點手腳就是了，反正時間一久，它們也會爬上去的。

苦瓜開花了。看著黃色的小花在風中搖曳，心也跟著舞蹈起來。花開花落幾次後，終於結了一顆小苦瓜。像初生的嬰兒躺在陽光的被窩裡，均勻地呼吸，美極了。我趕緊拿相機把它當作模特兒來拍照，左一張右一張，襯著綠葉也來一張。妻看了直笑。

⊙可愛的小苦瓜

⊙被果蠅叮壞的苦瓜

妻說要用紙把苦瓜包住，不然小果蠅一螫，苦瓜就一命嗚呼了。我趕緊用報紙把它像寶石般的護住。但它實在太小，風一吹，紙就掉了。再包，又掉，再包，好像比賽似的。苦瓜長成山苦瓜大小時，我發現它的身上長了一個紅點，不禁大叫：「不妙，被果蠅叮了！」紅點像有生命似的愈來愈大，幾天以後苦瓜就變成了褐色，爛掉了。我拍下了它夭折的身影，心裡一陣難過。望著旁邊新長出的大豆般的苦瓜，又趕緊把它包起來。可是果蠅卻是無孔不入，沒兩天，又叮上了苦瓜，我像洩了氣的皮球，再度目送著一顆苦瓜離去。

黃色的苦瓜花在棚子上不停的閃耀著，卻都是公花，不再結果。我每天尋尋覓覓，像在礫石中翻揀鑽石，總是失望而歸。偶然間會發現小果蠅兇手風似的繞著，我笨拙的身手當然逮不到牠，只好束手。

最終也沒去買捉小果蠅的捕蟲器，苦瓜與我沒緣，我決定不再理它，讓它開心的在棚頂爬來爬去，吊在敏豆身上晃呀晃的。它是那麼秀氣，又喜歡帶著一兩朵小黃花，好像黃色的、淘氣的天使。最重要的是它們只有兩棵，佔不了菜園太大的版圖。

菜攤上「苦瓜一條十元」的紙板不知何時已取下了。這才發現今年雖沒吃到一條苦瓜，腦子裡卻滿滿都是苦瓜的身影。「苦瓜很難種啊！我以前都不敢種苦瓜。」母親在電話中笑著說；她年輕也是菜園的好手。說得也是，但沒種一次苦瓜，也不會知道其實苦瓜並非難種，而是小果蠅惹的禍。

有時「懷璧」也是一種原罪，雖然它懷的只是小苦瓜。◆

小百科>>苦瓜，又名涼瓜。中醫認為苦瓜味苦、性寒；歸心、肺、脾、胃經。具有消暑清熱、解毒、健胃的功效。主要用於發熱、中暑、痢疾、目赤疼痛、惡瘡等。

美菜小撇步>>結果時要套袋，可以避免因果蠅叮咬而落果；澆水不可太多。

18

豆豆學習單

菜豆

敏豆

菜攤上有了豆子的身影，我也躍躍欲試，反正古有名訓：種豆一定得豆。

種子店老闆給我菜豆和敏豆，我興致勃勃的種下去；它也很合作，三天就長出了可愛的豆芽。可是我忘了防範蝸牛，發芽的第二天，豆芽就

⊙晨曦中的敏豆

消失了一排，連梗都吃得一乾二淨。牠們呢？天亮後早就逃之夭夭。我也不是省油的燈，第二天天還沒亮就起床，準備去逮捕現行犯。親愛的老婆溫柔的為我打氣：「加油！」我火速的跑到菜園，看到牠們正大快朵頤的吃著豆苗呢。我立刻判牠們流放邊疆：丟過寬闊的大排水溝，牠們要爬回來，還得找一艘小舟呢。我又補種了豆子，兩天就發芽了，而且長得飛快，還追上了它們的老大哥。

豆苗一瞑大一寸，我高興之餘又賞它們一把有機肥。幾天後它們就要爬竿比賽了。我準備去買細竹子來搭架子，卻看到常去散步的公園正在大肆清理，砍下了許多約有一個人高的小合歡樹，正好合用。於是一連幾天，我成了現代版陶侃，在草堆裡尋覓適用的樹枝。每天四、五枝，一個星期下來，菜園裡就有了一大捆架子的材料囉。

搭了一排架子，豆子乖乖的沿著樹枝爬了上去。菜豆長得快，葉鬚抓著枝枒，身子快速的往上爬，不到一週就爬上了架頂，而且還不停；沒架子爬了，整個身子垂了下來，像高空彈跳盪在半空中。敏豆就秀氣也乖多了：它們細細的身子慢慢的繞著柱子一圈又一圈的爬上去，像螺絲一樣整齊；它們一定是豆類中品學兼優的好學生。

敏豆長得很順利。還沒爬到棚頂就開花了，花朵像白色的小蝴蝶，一隻隻在綠葉叢中翩翩起舞。花落後立刻長出了小小的、像牙籤般細的豆子。豆子是一串一串長的，每串約有三、四條，整株敏豆結滿一串又一串的豆子，像綠色的玉珮，漂亮極了。敏豆

⊙結實纍纍的菜豆像一條條繩子

長得很快，不到一週我就開始收成。八株敏豆，每天約可摘四、五十條左右，我與妻嚐著甜甜脆脆的豆子，幸福得快掉眼淚了。

但菜豆就沒這麼順利了。菜豆比敏豆先開了紫色的花兒，長了三條豆子，每條約三十餘公分長，從棚子上垂下來，像一條綠色的繩子。我看了真想拉著它盪秋千。菜豆沒幾天就長得像鉛筆桿般，我立刻把它摘下來炒，甜得好像塗了一層蜂蜜。妻說：「好幸福喔！」可是好景不常，從此它好像冬眠了，一動也不動。不再長高，不再開花，整座棚子無聲無息；我澆著水、除著草，狐疑的望著它，弄不清它葫蘆裡賣的什麼藥。一天、兩天；一週、兩週；還是沒動靜。第三週起我逢人就問：「我的菜豆為什麼長了三條就不再長豆子了？」答案很不一致：「可能施的肥料不對！」「是不是日照不足？」「是品種不好嗎？」

再忍了一週，媽在電話中告訴我：「好像是你種的時間不對，再等等看。」妻也說：「要有耐心和信心！」我站在菜豆旁側著頭，像沉思的哲學家。憑我這粗淺的農夫經驗，哪能想出什麼理由？無計可施之下，我使出最後的一招，拉著它的藤蔓，恐嚇它說：「再不長豆子，就把你們拆了！」說也奇怪，第二天，我竟然發現葉柄有了花苞，沒幾天，整個棚子開滿了紫色的、彷彿蝴蝶的花朵，像北海道的薰衣草花園。我愣在棚子前說不出話來。蝴蝶飛走後，一條條綠色繩子般的豆子紛紛垂了下來，好像古裝片裡夜晚登城偷襲的士兵垂下的繩子般，密密麻麻的。綠繩愈來愈長，愈來愈粗，每天早上我都可以摘一把回家。妻說：「還好你沒真的把它們拆掉。」吃著甜美的菜豆，告訴母親，母親笑著說：「種菜要對時，要有耐心！」

《論語》〈子路篇〉：「樊遲請學稼，子曰：『吾不如老農。』請學為圃。曰：『吾不如老圃。』」看著長得欣欣向榮、密密麻麻的豆子，我發現：在種菜這條路上，我還有許多要學習的呢。◆

小百科>>菜豆，原名長豇豆。可分成綠、白兩種。富含多種維生素、礦物質、蛋白質、葉酸等。

敏豆，原名四季豆。富含維生素C、鐵質、鈣、鎂和磷等。含皂甙和血球凝集素會導致食物中毒，出現噁心、嘔吐或腹痛等不適症狀，必須炒熟後始可食用。

美菜小撇步>>澆水宜適量，太多則易爛根。株距不宜太密，否則易生蟲害。

22

菜園模範生

紅菜

紅菜是菜園的元老，甫一開園就進駐的作物；種它也是一種巧合。

當園丁，要多觀摩私人菜園。我先到老友弘光大師家。說觀摩是冠冕堂皇的理由，真正的原因是：藉此挖些菜苗或菜種來充實自己的菜園。

⊙欣欣向榮的紅菜

我看到紅菜畦旁有一小堆菜根。問他，他說：「老菜頭，準備丟了。」我如獲至寶，趕緊包了起來，揣在懷裡。回到家，立刻往菜園奔去。這些紅菜果然是準備要丟棄的模樣，小小短短的，有的只有粗梗，有的還留有一兩條根。我細心的挑了二十來根看起來還有延續香火希望的，一古腦種了下去，澆上水，就等著它長根發芽。

紅菜的生長並不順利，種下去半個月，幾乎沒有任何動靜。聽人說紅菜最好種了，把梗隨便一插，隔天就立即發芽。可我每天澆水、照護，差點沒為它蓋被子或吹冷氣，它卻都文風不動，真令我心急。

紅菜休眠了半個多月，開始有了動靜，幾片小芽舒展了筋骨，像小娃娃一樣冒出了頭，紅紅嫩嫩的肌膚，像嬰兒一樣粉嫩，我看得如癡如醉，開心的告訴妻：「紅菜長芽了！」差點上網e-mail給所有好友。

紅菜的個性溫和，長得很斯文，一個星期也長不到幾公分，我有點失望。埋了一些有機肥，希望它感動之餘振作精神快快長大。今春，雨水不多，整個月才落了兩次小雨。我只靠提水澆菜，根本是僧多粥少不夠分配。紅菜對水的需求很少形諸於色，幾天不澆水也不會垂頭喪氣，我澆水時自然就容易跳過它；它當然就長得更慢了。

紅菜有點像仙人掌，水分多時，枝枒和葉子抽長得細長；水分不足，就長得粗粗短短，像一根根胖胖的小手。紅紅的葉子有點像小朋友紋膚的貼紙；還有點像變色龍，會隨著水分多寡而改變顏色。

⊙紅菜具有耐旱的精神

雖然長得慢，也會有收成的一天。我剪了紅菜，摘下葉子，用薑爆香，炒了一小盤，嚐起來香嫩可口。妻說：「有了老公的愛心，它更香了。」聽得我樂陶陶。

紅菜的耐力其實是很驚人的，它不像討好人的茄子長得窈窕可愛、紅豔迷人，也不像菜豆那樣招搖；它是馬拉松選手。當炎酷的夏日，土地被晒得像火爐，葉菜類如空心菜、莧菜都老得像橡皮般堅韌或枯萎時，它仍堅強挺立，一點一點的長著。當菜園裡沒有菜可摘時，我和妻自然就會想到它。它永遠都是那麼可口。當其他蔬菜因氣候和水分而失去生長的力量，紅菜卻像永不屈服的馬拉松勇者，堅定的向你宣示：我是不會輕易被打敗的。

這樣的紅菜當然是菜園的模範生，值得菜兄菜弟們學習。我也樂意把它留在菜園，讓它繼續當「菜國元老」，因為它是菜中君子，「任重而道遠」，會帶著眾菜們在菜園慢慢地長著啊！◆

小百科>>紅菜，又名紅鳳菜。味甘、性涼。中醫認為可清熱涼血、活血、止血、解毒、消腫。

美菜小撇步>>蟲害少，多澆水就可以長得很好。收割時用剪枝法，留側芽三、四枝，可採收數月。

25

胭脂茄美女

說種茄子是為了欣賞，很多人也許不相信；但我種了十棵，的確是為了實現多年前在茄園看過它的美貌所發的願。

茄子是第一批進駐菜園的作物。紫色的菜苗便洋溢著一股秀美的氣質，令人期待它長出茄子的優雅容貌。進了土地，它便努力地成

⊙胭脂茄的花與果實

長，毛茸茸的葉子愈來愈大，紫色的株幹也愈來愈粗，不到一個月就有將近五十公分高了。

發現茄子開花有一份意外的驚喜。那天，我在晨曦中除草，突然發現茄子叢中，長出了兩朵淡紫色的花兒。茄子花像一頂五角形的帽子，深紫色的花萼撐開淡紫色的花瓣，又像一支小傘，靜靜地躺在陽光的懷抱裡，充滿了浪漫的氣息。我看得陶醉，差點忘了工作。從此，欣賞茄子的成長成了每天的功課，當然也同時做了影像記錄。茄子成了菜園最夯的模特兒，其他蔬菜不知是否會吃醋？

茄子花落後便從萼頭冒出一小條白色的茄子，乍看之下就像古早的燈罩和燈泡，十分別緻。茄子慢慢長大，白色的身子緩緩染上紫色的顏料，先是淡紫，然後加深。茄子窈窕的身子像著了一件紫色晚禮服，既高貴又典雅，加上陽光的映照，簡直就像出席奧斯卡金像獎頒獎典禮的美女。十棵茄子先後開花，一片垂掛的茄子像環球小姐選美的舞臺，成了菜園最美的角落，我最鍾情的所在。

半個月後有了第一批茄子的收穫，摘下的茄子光滑的紫色身子，美得實在捨不得拿來作菜。加上蒜頭和九層塔，炒出來的茄子香甜滑嫩；燙熟後加上蔥花、蒜頭涼拌，也別有一番風味。茄子成了我們最捨不得送人的蔬菜了。

發現茄子的蟲害，的確也讓我心驚。葉片下一片白色粉末，稍一抖動便會飛起，像一隻隻小白蝶，但我可不覺得浪漫。只有十棵茄子倒好辦，我採用

「手工滅蟲法」。用手一片片的揉擦，連續幾天，果然除了這個蟲害。可是不久，我又發現葉子被蟲子吃了一個個洞，仔細尋覓卻找不到蟲子。洞愈來愈多，有些成了仕女們穿的洞洞襪，實在令人不忍。問了老圃，都得不到確定答案；我又不願買藥來噴。最後使出殺手鐧：把受害的葉子一片片剪下、丟棄。不一會兒，茄子幾乎都理了光頭，只剩下幾條奄奄一息、失去了光彩的茄子，成了菜園最黯淡的時刻。

沒想到我的殺手鐧收到了奇效，光禿禿的茄子樹不久又長出嫩葉，開了一大片花兒。五、六十條茄子垂掛在樹上的盛況，彷彿世界小姐選美般，讓我們看得流連忘返。從此，我們每天都有茄子可以吃，也可以送人了。嚐過的朋友都說：「你種的茄子又美又好吃！」我聽得樂飄飄的。

茄子像變魔術般，花一陣接一陣的開，紫色的身影去了又來，幾個月從未間斷。我驚訝它強大的繁殖力，陶醉在它的美麗。它除了視覺之美，也滿足了口腹之慾。孔子曰：「食、色，性也。」茄子在這兩部分，都當之無愧。難怪它永遠是菜園的美女，我最喜愛的作物。如果你有興趣，告訴你，它的名字叫：胭脂茄。可別弄錯，茄子族繁不及備載，它的菜苗長得都差不多，果實卻有紅與白，長相也有長與圓之分喔。◆

小百科>>茄子，富含β胡蘿蔔素、維生素B1、B2、蛋白質等；紫色茄子中維生素含量更高。中醫認為茄子味甘性涼，有清熱活血、止痛消腫等功效。

美菜小撇步>>蟲害多，集中在葉心與葉背，要經常檢查除蟲。留下第一次開花上方的芽三、四枝，下方的側芽全部剪除，才不會影響生長。

29

秀而不實的南瓜

每次勉勵學生，總會引用「一分耕耘一分收穫」「種瓜得瓜，種豆得豆」等先賢名言；當了農夫，才知道這些話是有變數的。

到郊外踏青時，常看到農家附近的空地爬滿了南瓜、瓠瓜的藤蔓，碩大的果實躲在茂盛的綠葉下，像嬌羞的少女癡

⊙像喇叭的南瓜花

情的望著白馬王子般，十分迷人。有了菜園，很自然就想種它。我在牆角播了幾顆南瓜籽，發芽後把它們分成南北兩家來比賽。北旱南溼，結果就像龜兔賽跑般很快就見分曉。南邊的瓜苗吹氣似的長著，半個月就爬滿了牆邊的空地；北邊的瓜苗只長了幾公分，儘管我每天澆水，它彷佛冬眠一樣，激不起一點鬥志，我搖搖頭，不再理它。

南瓜苗拚命擴大地盤，牆邊石頭和雜草上綠意盎然，我感激它美化菜園的功勞，為它埋下一堆有機肥。它長得更快了。

南瓜開花了。碩大的黃色花朵像一支支粉嫩的喇叭，在綠葉叢中分外耀眼，我開心的為它拍下了美麗的倩影，憧憬著南瓜結實纍纍的盛況。南瓜花有公花與母花之分，母花後面有一顆小小的果實，授粉後花落，果實就會慢慢成長。我的南瓜花落後小果實卻變黃、掉落；花朵如星星般閃爍不停，可沒有一顆成功的結果。問媽，她說：「南瓜最好種了，怎會有不結果的？」去請教一些老圃，最多的答案是：「可能蝴蝶或蜜蜂授粉不夠，你要拿一枝毛筆為它們授粉。」於是我每天起床第一件事就是當媒人，把公花上的花粉送到母花裡；也沒效。有人說：「你可能沒有摘芯，把主芯摘掉，長出其他分枝，就會長瓜了。」「可能是施的肥不對吧。」「可能是營養不良。」「可能太乾旱了。」「可能太潮溼或營養太好，藤蔓長得太多。」

眾老圃到菜園裡會診南瓜，看看藤蔓，長得可真壯；瞧瞧花朵，美得沒話說；大夥兒七嘴八舌，也沒讓我的南瓜長出半顆果實來。它仍奮力的長著，還要努力爬過圍牆，到另一塊空地去擴張地盤。母親說：「摘南瓜芯來吃也不錯喔。」我摘了一大把，果然滋味可口；但嚐不到南瓜，心裡總不是滋味。請問一位專賣南瓜的老闆，他說：「有啊，有些南瓜很神經，一直長一直長，就是不結果；你最好把它砍了。」有了案例，心裡就放鬆多了，只能怪自己運氣不好，遇到這種比中樂透都難的機率。到同事鄰居的菜園參觀，發現了一棵長得茂盛無比的南瓜，「不知什麼原因，就是不長瓜。」主人疑惑的說。我的心被重重的撞了一下，彷彿長期受了冤屈的孩子沉冤得雪般，我大聲的說：「我種的南瓜也是！」兩人相視一笑。

種了半年的南瓜，一顆果實也沒長，查不出它不孕的原因，也不能苛責它，畢竟它也像拚命三郎，努力的生長過，為菜園帶來一片生機。但也總不能繼續讓它生長吧，因為它實在不爭氣，怕其他果實類植物也群起效尤，那我就徒勞無功了。於是在一個盛夏的清晨，曦日初升，它還在沉睡中，我拿起剪刀，從它的主藤用力一剪，它便消失在菜園裡，成為菜園裡的一片雲煙，我記憶裡不解的難題。

秋天到了，親愛的老婆問：「想種冬瓜嗎？」想起苦瓜的夭折與南瓜的不孕，我實在沒有信心。《論語》〈子罕〉中孔子說：「苗而不秀者，有矣夫！秀而不實者，有矣夫！」孔老夫子可能也種過不結果的南瓜吧，不然為什麼這句話會這麼切中我這小農夫的心坎呢？◆

小百科>>南瓜，臺灣稱為金瓜。據《本草綱目》記載，南瓜性溫味甘，具有補中益氣、消炎止痛、化痰排膿、解毒殺蟲功能，生肝氣、益肝血、保胎等作用。

美菜小撇步>>耐旱與耐貧瘠。澆水要適當，略施有機肥即可。需要較大空間，適合在郊區種植，結果時要注意果蠅叮咬。

32

南瓜

坎坷南瓜路

打上次種了秀而不實的南瓜與苦瓜後，我對種植瓜類失去了信心，久久未曾動念。但說歸說，心裡還是有那麼一點亮光，想照見南瓜那可愛的身影。請教了一位常年種植南瓜的老圃後，我決定再種一次。

種籽取自朋友送的南

⊙南瓜生氣蓬勃的向前爬去

瓜，泛著香氣、清甜、口感又佳的南瓜，讓我和親愛的老婆不約而同的豎起大拇指：「就選它！」取出種籽，晾在陽台上，有了陽光濃郁的溫暖後，我把它收了起來。十月中旬在菜園選了一個好位置把它們種了下去。幾天以後它們就發芽了，展開了第二次的成長之旅，一條未知的旅途。我的心有點忐忑。

南瓜藤蔓多，成長速度快，不久就會佔滿菜園，小小的菜圃當然無法容納它們。我設計了一個藍圖，利用中國園林的借景法，還有這幾年喊得很響亮的口號：「立足台灣，放眼世界」，把南瓜根部留在菜圃內，讓它們爬到大排旁的坡坎去施展。只要根部的水分和營養足夠，寬濶的坡坎上就會瓜瓞綿綿吧。主意拿定，我的南瓜夢就開始囉。

冬天的南瓜長得慢，從發芽到長葉，耗去了半個月，也沒多少進展，我有點憂心：難道它們罷長了？幸好長出三、四片葉子後，它們就像來到大草原的馬兒，撒開步伐開始飛奔，一個星期後就長了三十餘公分，三棵南瓜一字排開，氣勢十分雄壯。我趕緊戴上手套、掄起鋤頭到坡坎拔鬼針草、除茅草，忙得筋疲力竭，才清理出一塊乾淨的土地。我站在坡坎上，望著努力往前爬的南瓜藤說：「加油！歡迎你們過來。」親愛的老婆聽了，笑著說：「看你這麼努力，這次一定會成功的。」

南瓜沿著我搭的竹橋，三天就爬過田溝到了坡坎。我在菜畦兩邊釘了一排竹子當作柵欄，防止那些經常在菜園搞破壞的狗兒把它們踩斷。我的計畫成功了，它們安全且快樂的生長著。為了留下詳盡的記錄，我三天兩頭就為它們拍照，彷彿拍寫

⊙陽光下的小母花

真集一般。當南瓜長得約莫二公尺長，我就為它們摘芯，三棵南瓜長出了十多條側芽，成群結隊的向坡坎爬去，彷彿南瓜大軍，我看了不禁信心大增。為了讓它們有足夠的營養，我又在根部附近埋上了一大把肥料。默默祈禱：「南瓜，這次一定要爭氣喔！」

南瓜要開花了，葉柄部分長出了許多小花苞，我仔細一看，不禁擔心起來，因為二十來朵全部都是公花。難不成我種的是公南瓜？但從沒聽過南瓜還分公母。我告訴自己：「別自亂陣腳，南瓜當然是雄花比雌花多，這樣比較容易授粉。」金色的公花寂寞的開著，又寂寞的謝了，母花還是沒有蹤影。我告訴親愛的老婆，她為我打氣：「物以稀為貴啊，你以為當母親很容易喔。」說得也是。但親愛的老婆也問我：「母花長什麼樣子？」我溫柔的回答：「花後面挺著一個小肚子的就是母花。」她說長出母花時一定要去瞧瞧。這下我更期盼了。

在一個晨曦初升的早晨，我在一棵南瓜的前緣，發現了一朵母花，後面帶著一顆小小的南瓜。我像發現了阿里巴巴的寶藏，趕緊把親愛的老婆請來欣賞。親愛的老婆知道我為南瓜白了許多頭髮，給我一個愛的鼓勵。但她懷疑的說：「這麼小的南瓜，會順利長大嗎？」親愛的老婆一語勾起了我慘痛的回憶，上次功虧一簣的南瓜事件仍歷歷在目，花朵與小果實一樣不缺，就是無法留住小果實。為了提防果蠅叮咬，我立即做好防護措施，剪了一小段柔軟的衛

⊙生機盎然的南瓜

⊙充滿希望的南瓜大軍

生紙把果實包起來，好像為它穿著防寒衣，看了它這身打扮，不知情的人一定會好奇的以為南瓜的主人秀逗啦。我突然想起寫《所羅門王指環》的勞倫茲，為了帶領小鴨子而屈膝彎腰，低著頭在草地上爬著，一邊學鴨子「呱格格格，呱格格格」一地叫，卻吸引了一群嚇呆了的觀光客。為了研究，主人的癡心都是一樣的，我很能體會勞倫茲的心情，也慶幸自己面對的只是不會移動的菜，不然我的菜園位處市中心的南京路旁，一定會吸引不少市民圍觀，成為台東市觀光一景。

小南瓜經歷過十二月中旬的一場寒流，又經過一場又一場東北季風的吹襲，竟全都夭折了，我的保暖措施完全失效，望著空盪盪的南瓜藤，心中一陣悵然。親愛的老婆看了我的表情，安慰我：「剛開始嘛，不要洩氣！」我又鼓起勇氣，每天在坡坎上逡巡，一有母花身影，立即用紙包起來，以免果蠅捷足先登；但母花最終總是以掉落收場。有一次，兩朵母花長成了拇指大小，前緣還帶著一朵橘色的花朵。我心中大喜過望，以為成功授粉後就可以長大了。可是遍尋南瓜藤，竟然沒有一朵公花，我本想向專門種南瓜的老友求援，請他摘幾朵公花來授粉。電話還沒打，母花已經謝了，小南瓜也隨之掉落，我的心拂過一陣強烈的寒流。

為了找出南瓜不結果的原因，我請來了眾老圃和一位種了不少南瓜的好友，為南瓜把脈。大夥兒看著南瓜，長得很強壯；正常施肥，也沒蟲害，又是排水良好的沙土。大家百思不解，望望然而去。我忽然想起鄰園的郭太太前陣子種的南瓜，也結過兩顆南瓜，難不成我的菜園與南瓜八字不合？

秀而不實的南瓜激出了我的牛脾氣。反正菜園裡空地有的是，我就和它硬槓到底了。於是又在圍牆下的菜畦播了幾顆南瓜子，也許春天暖和的天氣會帶來一番喜氣吧！這次我完全以平常心看待，不再特別費心了，反正不結果是常態，結了果就當作是上蒼垂憐送給我的禮物吧。春節後，南瓜藤在菜園遠遠一角的圍牆下、香蕉樹旁恣意生長，我偶爾為它們澆澆水、施點肥，給它們愛的鼓勵一番；它們也很努力的爬呀爬的。有一天，我心血來潮的為它們搭了一個矮架子，它們也很開心的爬了上去，手

⊙細心的為母花包裹

舞足蹈起來，很快就爬滿了竹架子。慢慢地綠叢中隱約有了一朵朵黃色的影子，我也不在意，心想：不就是花開花落，秀而不實吧。親愛的老婆常問我南瓜有結果的消息嗎？我總是搖搖頭。幾次以後她也就不再問了。

春天來了。和風送暖，南瓜藤爬滿了坡坎和牆邊，黃色的花朵像星星般閃著耀眼的光芒，此起彼落，十分熱鬧，但撥開葉叢還是只有掉落的小瓜仔。

我也試過用乾草把小南瓜包起來，只露出花兒，讓果蠅無法叮咬；把小南瓜用葉子蓋住，不讓果蠅發現，總是徒勞無功。五棵南瓜長出的南瓜藤大概可以繞台東市一圈了，花朵也無以計數，我仍然無緣得見一顆由嬰兒到青少年、壯年的成熟南瓜。

每天望著一片盎然綠意的南瓜藤，感受它們的無限生機，幾次拿鐮刀想割除它們的意念都打消了。想起戰國時代莊子與惠子在論述大瓢與大樹的功用時曾說出「無用之用是為大用」的名句。南瓜在土地上快樂生長，欣欣向榮，充滿了生命的活力，我卻只因它的不實而惆悵失意，是何等失策啊！種南瓜，為的是收成，倘若無法如願，怎不去欣賞它的另一種寓意呢？至少它給了我一片風景，陪伴著在菜園辛勤耕耘的我，耐旱、耐貧瘠，無怨無悔……。◆

38

玉蜀黍的四季

　　玉蜀黍是農家最普遍的作物，主食、零食兩相宜。尤其童年時難得品嚐玉蜀黍，將玉蜀黍粒剝下裝在口袋捨不得一口氣吃完的印象，分外難忘，有了菜園，種玉蜀黍就成了當務之急。

　　選了一畦比較有沙石的土地，買了聽起來很美的「珍

⊙欣欣向榮的玉蜀黍

珠糯玉米」，在底部放上一小勺肥料，每穴埋下兩顆種子，澆上水，覆土，大功告成，我等著採收像珍珠般的玉蜀黍囉。玉蜀黍發芽率很高，我實在捨不得拔掉它們，長得約莫十公分高時，又將多餘的移植到另一畦，總共有一畦半的玉蜀黍了。一列種了五棵，共有二十餘列，哇！那我不就有一百多支玉蜀黍可收成了嗎？每支玉蜀黍以十五元計價，經濟價值超過二千元了。我只花了十元買種子，還只種了三分之二呢。想到這裡，人已經埋在玉蜀黍堆裡，心也跟著飛起來了。

想像中照顧玉蜀黍是很容易的，平常它們大多長在山坡或旱田上，對土壤、水分都不會太奢求吧！我大概只要偶爾澆點水、施施肥就可以了。但我的如意算盤很快就發現打錯了。

隨著玉蜀黍的成長，我首先發現植株太密，想要拔除，但株距平均，又不知從何處拔起。它們長得細細瘦瘦，像高挑的模特兒美女。接著我又發現，玉蜀黍也需要水分，今年雨水奇缺，乾旱嚴重，菜園像沙漠，被豔陽晒得滾燙，它們都垂頭喪氣，十分可憐。我每天提著兩個水桶拚命澆水，仍掩不住旱象。鄰居老太太看了我的玉蜀黍，叮嚀我：「玉蜀黍要多澆水，不然會結不出果實喔。」聽得我憂心忡忡，每天都祈禱老天趕快下一場大雨；有時晚上聽到隔壁的冷氣聲，都會高興的對妻說下雨了。妻同情的說：「好辛苦的農夫啊！」

玉蜀黍在乾旱的環境裡慢慢長大，可是不知何故，竟然長成了一個整齊的三十度角，頭尾高矮差距一半，實在不可思議。有經驗的老圃說：「一定是前後土質的

⊙玉蜀黍花及穗

肥沃度和溼度相差太大。」我只好採用多澆水和施肥來補救；可是仍然無效。

經過了一個多月的成長，玉蜀黍抽花了，望著挺立的玉米桿上端冒出的穗狀花束，心中有一份難以言說的滋味。親手栽種的玉蜀黍要開花、結果了，我像是懷孕的母親，看著寶寶就要誕生了，喜悅的心像汩汩的清泉，湧動不已。花朵像燃放的爆竹，一株又一株的漫延開來；可也帶來了不速之客。首先是密密的蚜蟲爬滿玉蜀黍株，看起來有點噁心。我趕快拿溼布耐心的擦拭，總算控制了疫情。蚜蟲帶來了大群螞蟻和紅色的小瓢蟲，我抓著漂亮的小瓢蟲，狠心的將牠丟得遠遠的。不久又來了褐色與綠色的金龜子，牠們附在花朵上，似乎圖謀不軌。我看得很刺眼，也一隻隻將牠們判處流放。日子就在與昆蟲們的鬥法中流逝，不覺過了三個星期。發現玉蜀黍穗上的鬚與花皆已乾枯，我試著剝開最早開花的那穗察看是否成熟，發現果粒已十分堅硬，趕緊摘了下來。剝著玉蜀黍殼，聞著玉蜀黍的清香，我感動得幾乎要落淚了。這是生平第一支自己栽種的玉蜀黍吔！煮熟後的玉蜀黍泛著半透明的玉般光澤，真的像珍珠啊！我和妻嚐著玉蜀黍，QQ、甜甜的，既漂亮又美味。二個多月的辛苦，總算有了代價。

大部分的玉蜀黍都成熟了，我舉行了收穫祭，拍下了它們美麗的身影，然後與妻將美味的玉蜀黍送給親朋好友。特別強調：有機與安全，愛心與耐心。收到玉蜀黍的朋友們都說：「吃得真開心又放心。」一再多的辛苦這時也都煙消雲散了。

也不是所有的玉蜀黍都有美好的收成。前半畦長得營養不良的，只結出細細的穗，像小孩吃的棒棒糖，有的甚至只長了十餘粒，吃起來也索然無味。我本來計畫的一百多支玉蜀黍，只收成了大約五、六十支。雖然如此，我還是在四月下旬播下第二批種子。有了第一次經驗，我改種在比較有水分的土地上，採精英政策，只種了二十棵。它們果然長得又快又大，綠色的玉蜀黍株泛著深色的光澤。一個多月後也陸續開花了，株旁長出了鼓鼓的玉蜀黍穗。我像老朋友一樣摸摸她們，輕聲的說：「加油！這次一定會長得很高大。」

六月下旬來了幾個颱風，雖然最後都是繞過巴士海峽，但強風把玉蜀黍吹得東倒西歪，一副副喝醉酒，酒測值一點〇站都站不直的模樣。我看得很不忍，拿了棍子去扶；它們第二天又倒下去。我怕又再度傷及它們的根，只好作罷。在等待成熟的日子裡，我又在另半畦種了二十粒紫玉米。第二批玉蜀黍採收時，第三批玉蜀黍也開花了；我又埋下了第四批玉蜀黍，第五批……。我的大舅子任職於台中農業試驗所，是玉蜀

⊙玉蜀黍果實

黍的專家，在電話中指導我說：「玉蜀黍一年四季都可以種。」他還叮嚀我：「小瓢蟲會吃蚜蟲，是蚜蟲的剋星喔，不要抓牠。」我點頭稱是。經過他的傳授祕訣，我種玉蜀黍的功力大增。

既然玉蜀黍一年四季都可以種植，我忽然天真的想：「每週種十棵玉蜀黍，不就每週都有玉蜀黍可吃？」我可不敢對大舅子說，他一定會狐疑的望著我，心想：「這妹婿是不是玉蜀黍狂熱分子？」聽中醫說食用玉蜀黍和飲用玉蜀黍鬚湯，有清熱利尿、除濕退黃、降壓、降糖、消腫止血等作用，真是寶啊！但我還是適可而止，別把菜園變成玉蜀黍田了吧。◆

小百科>>玉蜀黍，又名玉米、番麥。富含碳水化合物、蛋白質、脂肪、β胡蘿蔔素、核黃素等。中醫認為鬚（煮湯）及果實均有清熱利尿、除濕退黃、降壓、降糖、消腫止血等作用。

美菜小撇步>>喜生長於氣溫較高，雨量多而分布均勻，但日照較少的農田或坡地。株距要適當，有少數金龜子與小瓢蟲無妨。果實尖端上的雌蕊乾枯時即可收成。

43

愛惡參半的秋葵

秋葵本不在我種菜的名單裡，因為我對它的印象十分陌生。市場裡罕見它的蹤跡，餐館裡也不見它的影子；只偶爾在日本料理店現身，小小一盤只有兩三根，脆脆黏黏的，聽說是高檔營養保健蔬菜。

闢了菜園不久，住在隔壁的里長送我一根成熟乾燥的

⊙秋葵果實

秋葵莢果，漂亮得像木雕作品，我像偵探趕緊上網一窺它的底細。一查之下不禁為之驚豔。維基百科說它是目前全世界流行的保健蔬菜，身上特有的黏性液質及阿拉伯聚糖、半乳聚糖、鼠李聚糖、蛋白質、草酸鈣等，經常食用可幫助消化、增強體力、保護肝臟、健胃整腸。而且含有特殊的藥效，能強腎補虛，對男性器質性疾病有輔助治療作用，享有「植物偉哥」之美譽……。我立刻剝開豆莢，取出綠色的豆子，到菜園去啦。

我在菜園前緣挖了一小畦土地，把種子埋了下去。秋葵發芽率很高，我在每穴播下的兩粒種子大都發芽了。為了容納這些珍貴的作物，我趕緊在菜園的尾端又挖了一小畦，把多出來的菜苗移植過去。這樣前後都有了秋葵，既可食用又可當作籬牆，一舉兩得，秋葵就在我的如意算盤中慢慢成長了。

秋葵長得很慢，小小的身子總是瑟縮在地上，半個月裡任憑我怎麼澆水、施肥總不見長高，好像傷到生長點的小孩，無法轉骨成為大人一般，我十分洩氣。春天裡有一次我外出兩天，回來後卻意外發現它們竟抽高了好幾公分，我揉揉眼睛，不敢相信。自此，它們就飛快的長著，讓我又驚又喜。想起電視裡轉骨藥品的廣告，春天就是它們的成長劑吧！

⊙秋葵花與果實

秋葵芯旁長出小小的像果實般的東西，我興奮的告訴親愛的老婆：「我們快有秋葵可吃了。」每天都盯著它瞧，期望它吹氣似的長大。可它並不再長，還在晨曦中開了一朵黃色的花朵，我嚇了一跳，以為秋葵像金針花，開花後就不能吃了。正在懊惱為何不早點摘下它時，親愛的老婆說：「秋葵不是開花後才結果的嗎？人們吃的就是它的果實啊。」這話讓我茅塞頓開，也讓我這新農夫羞得無話可答，彷彿做錯事的小學生站在老師面前。

秋葵花很漂亮，大大的黃色花朵，中間有深褐色的花蕊，在陽光中洋溢著自信的光彩，就是這份力量，讓它結出一支支果實。果實長得很快，不到一週已有五公分，我怕它太老，趕緊請親愛的老婆來舉行採收典禮，順便拍下歷史鏡頭。兩個人捧著五支秋葵，回到家，用開水稍微燙熟，沾著醬油膏，又脆又清甜，絲毫沒有一般人常說的黏綢之感，實在美味極了。品嚐著這道高檔的保健蔬菜，全身彷彿立刻散發著無限的活力，小農夫照護的辛苦，也就化作天上的雲煙了。

從此，秋葵猶如連續劇一般，每天都上演著成熟的戲碼。我種了二十餘棵，幾乎每天都可採收一打以上；有時一疏忽，再發現時就已長成十餘公分的巨無霸了，但只要水分充足，它們還是很嫩

⊙與人齊高的秋葵樹

的。有了這麼多秋葵，我們也開始實驗秋葵吃法：除了清燙，還可以加在火鍋中，也可以切段炒肉、煮麵等，唯一的要訣是：不可太熟。如果過熟，就會變得黏糊糊的。有一次到附近大賣場，看到裡頭的日式迴轉壽司店有秋葵，一盤三根小小的秋葵要價三十元，我和妻看了都不敢置信。回家後看著我們種的一大盤大秋葵，是多麼幸福啊。

秋葵愈長愈高，收穫也從未斷過，它們也沒什麼蟲害讓我煩惱，真是菜園裡的寶貝。可是前幾天竟然在網路上看到一則令我訝異的新聞，標題是：「網友票選『顧人怨青菜』，秋葵打敗苦瓜奪冠！」他們不喜歡的理由都是「黏不啦嘰」「像鼻涕一樣黏呼呼」，我看了真為秋葵抱屈：秋葵何罪之有，如果能注意熟度和烹調變化，保證可以洗刷秋葵的惡名。

人們對世上萬物常有兩極化傾向，有的愛之欲其生；有的惡之欲其死，秋葵也夾在這堵牆中間。專家談增進人際關係，需要加強彼此的相處與了解，我們對食物的感情也是，何況是對人體有益的秋葵呢。種秋葵，我又多了一份口腹之慾外的體驗。◆

小百科>>秋葵，一年或多年生草本植物。嫩果可食。富含蛋白質、維生素A、B、C。特有的黏性液質含有糖蛋白、果膠、牛乳聚糖等，經常食用可助消化、增強體力、保護肝臟、健胃整腸。而且含有特殊的藥效，能強腎補虛，對男性器質性疾病有輔助治療作用，享有「植物偉哥」之美譽。

美菜小撇步>>容易種植。但樹身大，種植時株距要寬一些。開花後即結果實，約一週即可趁嫩摘下。果實旁易生介殼蟲，要經常檢查除蟲。

47

飛碟辣椒

辣椒

說來你也許不信，我種辣椒不是為了食用，而是趣味與欣賞。

我們一家四口都不太會吃辣；尤其是親愛的老婆只要菜中加了辣椒，就會敬而遠之。她作菜時使用辣椒是去掉種子，切成長條來配色。但菜園裡經常看到結實纍纍的

⊙彷彿一個個要凌空而去的飛碟

辣椒，因為辣椒像油蔴菜籽，只要洗菜水中夾著種子，澆進泥土裡，不久就會冒出幾棵辣椒苗。如果不影響蔬菜的生長，有時我也就網開一面，讓它們放牛吃草，快樂的成長。一段時間後，它們就會開花結果，長出一根根辣椒，不過最終都成了堆肥，因為辣椒不像菠菜、媚仔菜等普遍受到喜愛，一問朋友要辣椒嗎？大部分人都會搖手：「喔，我不吃辣椒。」

春節時回美濃岳家，大舅子拿出一袋紅色果實，說是最新品種的辣椒。小小的果實，彷彿科幻影片中外星人搭乘的飛碟，我一見就喜歡，立刻拿回幾顆到菜園試種。種辣椒並不難，把種子撒在小盆子裡，發芽後待它有七、八公分高就可定植在菜圃裡了。聽說這款辣椒也會辣，所以我只點綴性的種了三棵，希望結果後別緻的形狀可以作室內裝飾欣賞。

辣椒的成長很順利，它的外型高瘦漂亮有玉樹臨風之姿，像辣椒裡的潘安，不像旁邊同期種的青椒，矮矮胖胖的。不幸的是青椒開花後不慎得了枯葉病，先是葉子捲起，然後枯黃，掉落；有的葉背長滿了白色的介殼蟲。青椒氣息奄奄，我壯士斷腕，立即全數拔除。那三棵辣椒起先也受到影響，有落葉現象，所幸尚未病入膏肓。拔除青椒後，病菌減少，它們漸漸恢復了生機，也愈長愈高大。

五月中旬起，台東有了近年來難得的長期梅雨，辣椒在雨水的滋潤下也長得飛快，有半個人高，而且開了許多花兒，長出一個個像飛碟的果實，掛在細細的枝枒上，彷彿玩具店裡的吊飾，漂亮極了。我工作結束後總喜歡蹲下來欣賞，它們像一個個飛碟準備飛向遼闊的天空，十分有趣。老圃們來訪，也都稱讚辣椒長得奇特，辣椒乎很開心，在微風中不停的舞蹈。

辣椒果實長得像盛醬油的小碟子大小了，顏色由綠轉褐，最後成為鮮豔的紅，一片紅紅綠綠，彷彿聖誕樹。我把成熟的果實摘下來，放在書房桌上，成了美麗的裝飾品，看得趣味盎然，也沒想到要品嚐

它們的味道。辣椒果實逐漸成熟，採收的辣椒也愈來愈多。有一天妻作菜時，心血來潮加入了幾個辣椒，白色的胡瓜絲裡點綴著紅色的辣椒，顏色極為醒目，彷彿一幅美麗的圖畫。最重要的是它像青椒又有清脆的口感，而且只有微辣，親愛的老婆還可以接受，我當然更沒問題啦。一盤添了辣椒的美味，很快就盤底朝天了。從此，這款辣椒成了我們的好朋友，菜中總少不了它們。望著菜園裡還有纍纍的果實，一架架蓄勢待發的小飛碟，我的心有一份濃濃的幸福。

只是連在農業試驗所退休的大舅子也不知這款辣椒的名字，坊間也尚未銷售推廣，我靈機一動，就把它命名為「飛碟辣椒」。感謝這批生機盎然的小飛碟，讓菜園增添了無限趣味與美麗，也豐富了菜餚的滋味。◆

後記：邇來網路上有此款辣椒的介紹，亦稱之為「飛碟辣椒」。

小百科>>飛碟辣椒為新引進品種。含有豐富的維生素B1、B2及β胡蘿蔔素等，其中維生素C更居各種蔬菜之冠。外形有趣，甜中帶有微辣，可做生菜沙拉搭配或擺盤裝飾。中醫認為，辣椒味辛，性熱，具有溫中散寒、開胃除濕等功效；但有胃疾者不宜，食用時也要酌量即可。

美菜小撇步>>種植容易，少病蟲害，水分要適當，不可太濕。結果後可酌予疏果。

50

紅色珍寶
甜根菜

・甜根菜・

種菜，有時就像海邊的瘋狗浪是突然出格的，甜根菜就是；我壓根兒就沒想到要種它。

鄰園郭太太的朋友送它一把甜根菜籽，她培出了菜苗，種了兩畦後還剩下一些，問我：「聽說甜根菜可以增強

⊙可愛的甜根菜

免疫力，很珍貴的喔，你要種嗎？」我向來就有好奇的精神，趕緊闢了一畦菜圃，第二天就把它們一古腦兒種了下去，二十棵甜根菜，占了半畦。

紫色的甜根菜苗，秀氣又美麗。小小一棵風一吹就彷彿會飄走，加上只有細細的主根，有些還沒有黏著舊土，我實在沒把握它會在新菜畦裡活過來；可是我的擔心是多餘的，幾天後所有菜苗都露出了笑容，在它們的溫床裡快樂的成長了。

甜根菜葉很漂亮，綠綠的葉子，紅紅的葉脈和葉柄，彷彿塗了胭脂，在晨曦照耀下，新葉透出嫩綠的光澤，洋溢著一片盎然生機：這就是生命的喜悅。當植物在泥土裡找到可以盡情快樂生長的空間，它們就會繪出一幅美麗的圖畫。當然人類也是，有溫暖的家，和諧的氣氛，孩子就會像甜根菜一樣長得如此美麗。

甜根菜很容易照顧，除了澆水，偶爾施點有機肥，它像品學兼優的學生，未曾給我帶來什麼困擾。有時實在不好意思了，會刻意在它們身上瞧瞧有沒有蟲害，它們總是回報我健康快樂的笑容。一個月後，甜根菜有二十公分高了，它們的根部像懷孕的母親開始凸起，一個圓圓的球體像氣球變魔術似的緩緩擴大。可它不是往下長，而是往上長，突出了地表，十分有趣。郭太太告訴我：「要用泥土把它們覆蓋，防止球根老化。」我嫌麻煩，任憑它們生長。有時摸摸它那紅紅渾圓的球體，好像在跟它們握手，也十分好玩。有一次在挖草時不小心碰到一棵甜根菜，竟然被拔了起來，鮮紅的球根睜著眼睛望著我，一副無辜的樣子。我也嚇了一跳，望著它稀疏的幾條根，不太相信它會長成一顆棒球大小的菜頭。它還未成熟，我趕緊又把

⊙甜根菜森林

它埋進泥土裡，澆點水賠罪；幸好過幾天它又恢復了生機，讓我鬆了一口氣。

兩個月後，甜根菜的球根已長得碗口粗，可以收成了。我心血來潮的和親愛的老婆計畫，帶著相機和腳架，準備拍下我抱著老婆合力拔甜根菜的鏡頭。可是大排旁的馬路上每天人來人往，我們擔心這種舉動會引起眾人圍觀，說不定還會被眼尖的記者發現、拍照，然後上了報。狂想到這兒，兩人哈哈大笑。最後決定還是由親愛的老婆上鏡頭就好。它抓著甜根菜葉，想要用力拔，沒想到甫一出力，甜根菜就輕鬆的離開泥土了，和我們聯手用力拔蘿蔔的劇本迥然不同，不禁相視而笑。

把甜根菜洗淨，鮮紅的菜頭漂亮極了，切開來，一圈圈的紋路彷如美麗的年輪，一個個動人的生命之眼。加上排骨熬湯，香香甜甜的滋味實在美味。它的葉子也不要丟棄。切段後加上味噌、小魚乾煮湯，也有增強免疫力、預防癌症的效果呢。

為了增加對甜根菜的認識，我特別上網查了它的資料，發現它可火熱得很，每顆要價七、八十元，甚至百餘元都有，還有農家專門做網購生意，猶如珍寶一般。沒想到菜園裡這些甜根菜，還真是奇貨可居的寶貝呢。自從知道它的不凡身價後，我心裡頭竟有了一些壓力，深怕哪一天被竊賊一掃而光，豈不洩氣。幸好我的擔心是多餘的，直到採收完畢，甜根菜仍然毫髮無傷，一個不缺。

甜根菜是秋涼後的作物，有了這次的經驗，下回我肯定會有更大規模的種植，更好的收成。因為種菜也是和所有事物一樣良性發展的，快樂的豐收會為農夫帶來更旺盛的工作活力。◆

⊙喜孜孜的採收甜根菜

小百科>>甜根菜又名甜菜根、甜菜頭。根皮及根肉均呈紫紅色，橫切面有數層美麗的紫色環紋。甜根菜含甜菜紅素，有豐富的鉀、磷及容易消化吸收的糖，有天然紅色維他命B12及鐵質。中醫認為具有補血、抑制血中脂肪、協助肝臟細胞再生與解毒的功能。

美菜小撇步>>小苗時極脆弱，苗稍大時再移植或採穴播。結果時球根裸露，可培土覆蓋。葉子亦可作湯，柔嫩鮮美。

54

甜根菜的家

甜根菜

秋末，是種甜根菜的季節。甜根菜營養豐富，無論打成汁或煮湯都很清甜爽口。我買了種子，發出成長的列車。

育苗兩週，甜根菜苗長得紅嫩像可愛的嬰兒。翻妥泥土，挖好洞穴，埋進有機肥，就把它們栽入成長的溫床裡，

⊙甜根菜出土囉

①準備採收的甜根菜

②甜根菜雖小巧卻溫暖的家

每日晨昏澆水，不敢怠慢。但也許是菜苗太小我太心急，甜根菜很脆弱，隔天就死了好幾棵，我望著枯萎的菜苗，心受到了重重的一擊。再從苗盆裡移植補上。過了幾天，強烈的東北季風吹拂，甜根菜被吹倒了五、六棵，次日竟然香消玉殞，嗚呼哀哉了。我把苗盆裡的菜苗全數補種上還不夠。經過這一番折騰，甜根菜耗損了三分之一；但也逐漸茁壯了。

甜根菜定了根後，成長得很順利，不但速度快，而且很堅強，無論乾旱或強風，都已無法撼動它了，我也就放心了。一個月後它的根部開始變大，是結球的時候了。今年我打算讓它順其自然裸露，不再為它培土蓋住結球根部，因為野生的甜根菜哪需要這麼費工夫呢。

我的改變換來另一種收穫：甜根菜球並未往下長，而是漸漸突出地面，彷彿懷孕的婦女，挺著一粒圓圓的紅球，實在漂亮。我澆水時忍不住會摸摸它，一邊說：「加油！加油！」甜根菜揮揮手，彷彿在向我致謝。

二個月後，甜根菜已可採收了。我好奇的想瞧瞧它球莖底下的神祕世界、成長的奧妙。沒想到只輕輕一拔，它就離開了成長的窩巢，球莖底下只有細細的幾條根。靠著這幾條根，它就能不畏風雨長得如此壯碩，實在令人驚訝。更有趣的是，甜根菜拔起後，留下一個圓圓的小凹洞，這就是它的家吧！甜根菜微笑的望著我：「是啊！我家雖小，但一樣溫暖舒適，讓我成長茁壯。」難怪唐代大詩人劉禹錫的〈陋室銘〉會這樣寫著：「山不在高，有仙則名；水不在深，有龍則靈。斯是陋室，唯吾德馨。……」甜根菜的家雖小巧，卻長出這麼美麗可口的菜啊。◆

56

被蟲吞噬的高麗菜

高麗菜

聽說我要種高麗菜，老圃都提醒我：高麗菜多蟲害，十分難種；若執意要種，要有白忙一場的心理準備。打小時起就把吃苦當作吃補，我不相信憑著勤勞與努力，無法打敗小小的蟲。闢好了菜園，就去買菜苗。當然朋友的建議我還

⊙被蟲吃得千瘡百孔的高麗菜

是得考慮的。我只買了綠高麗菜和紫高麗菜各四棵，心想：就這幾棵，蟲再多，也逃不出我的手掌心吧。

高麗菜甫一落土，毛毛蟲第二天就來報到了。小小的蠕動的蟲子正在啃蝕菜心的嫩葉，葉子被吃了一個個小洞，像一顆顆小眼睛。我當然毫不猶豫的抓了起來。沒想到從此就陷入了與蟲蟲戰鬥的惡夢中無法自拔了。每天清晨起床第一件事就是到園裡抓菜蟲；傍晚也要抓了蟲才放心的回家。每次少則四、五條，多則十餘條；無論我怎麼尋覓，葉面和葉背都清乾淨了，下次牠們總是會再度出現，讓我百思不解。老圃告訴我，不但要抓蟲，還要清理葉面上的蟲卵，密密麻麻的蟲卵孵化出來就是蟲蟲大軍了。我恍然大悟，連蟲卵也要清除，這工程可浩大了。可是葉片上黏著的蟲卵清理不易，我找了一枝毛筆來刷，每片葉子都刷得乾乾淨淨，心想：應該不會再有蟲蟲了吧？

事情可沒這麼簡單，第二天毛毛蟲照樣來報到，而且比先前更大隻，我嚇了一大跳，有嚴重的挫折感。趕快請教老圃。「蟲卵是蝴蝶帶來的啊！你看在菜園裡飛來飛去的蝴蝶就是散布蟲卵的兇手。」翩翩飛舞、充滿詩情畫意的蝴蝶，竟是菜蟲的父母，對蝴蝶的詩意頓時全失。

紫高麗菜菜蟲明顯少多了，可能是它的葉片比較硬，蟲蟲不太喜歡吃。它長得比綠高麗菜快一倍。我正為它的成長而慶幸時，有一天卻發現六隻碩大黑白相間的毛毛蟲，把菜心全給吃掉了。我怒不可遏，趕緊全部驅逐出境。蟲蟲抓走了，可那

⊙開始結球的高麗菜

棵沒有心的高麗菜從此就不再長了。其他三棵也無法避免這樣的蟲害，紛紛被這種恐怖的蟲蟲所攻佔而停止生長。至於千瘡百孔的綠高麗菜長到雙手大小，總算熬到要結球的時候了。它的中心葉片包了起來，愈來愈多，愈來愈大，我抓得更勤了，除了早晚，中午豔陽高照時也不放過，頂著大太陽巡過一遍才敢放心去午睡。即使三月中旬，小兒結婚迎娶那天清晨，我仍然早起到菜園抓蟲，還唸唸有詞的說：「別以為今天是大喜的日子，就會放你們一馬。」親愛的老婆聽了，哈哈大笑。

隔壁郭太太先我種了二十餘棵高麗菜。它沒有我勤勞，菜葉上滿是蠕動的蟲蟲，有點像水中的沙丁魚，看起來十分噁心。她說，朋友告訴她，唯有罩上網子，杜絕蝴蝶產卵才能根除蟲害。可是鄉下哪有高麗菜園是網室栽培的？「那就要勤噴農藥囉。」難怪曾經在電視上看過有些鴨鵝吃了外層的高麗菜葉而暴斃的新聞，那就是嚴重的農藥殘留的結果啊。聽起來十分駭人。

在發現結球的高麗菜中冒出毛毛蟲時，我徹底打消期待高麗菜長大的念頭了。一方面是我法再將高麗菜球的葉片一一翻開檢查，牠們攻入高麗菜球心時，除了噴藥已無計可施？另一方面經過一個多月的纏鬥，我實在累壞了，每天抓蟲已把我弄得緊張兮兮，連夢中都有蟲蟲。如果真的無法栽培有機高麗菜，那我何必如此辛苦的堅持，完成這個不可能的任務呢？雖然只有區區八棵高麗菜，我也無法好好照顧它們，被蟲蟲徹底打敗了。我也發現：數大便是力量，別看小小的蟲蟲，也會鬥垮一個大男人的。

經過一夜思考，我向蟲蟲們舉白旗投降。在晨曦初照時分，蟲蟲們正在享用甜美的大餐時，我用力拔起高麗菜，把它們排在田埂上，向它們敬禮，感謝它們一個月來給予我的磨練，留下這頁奮鬥的歷史。只一個上午，它們立即乾枯，蟲蟲們從此在菜園裡銷聲匿跡，蝴蝶也識趣的飛走了。我，也走出抓毛毛蟲的惡夢，從此海闊天空。還是佛家說得好：「生命有時要捨，才能得。」◆

小百科>>高麗菜，喜高冷環境。富含維生素A、B2、C、K1、U，鈣的含量也高。中醫認為性味甘平，可清熱利尿、解毒、潤腸通便，改善胃潰瘍、十二指腸潰瘍、便秘。

美菜小撇步>>株距宜稍寬。極易有青蟲為害，要經常檢查除蟲；結球後蟲害稍緩，但仍要留意，以免蟲兒鑽入菜球，難以尋找。

60

落地生根的蕃薯葉

談起蕃薯，三、四年級的朋友大概都不陌生。在家境清寒、物質不豐的年代，白米有限，蕃薯成了三餐的主食。在產期可以吃到新鮮的蕃薯，再把蕃薯刨成絲晒乾，裝在麻布袋，供青黃不接時使用。久存的蕃薯簽不但失去了甜分，還有濃濃的霉味，但為了活命，也得忍耐著扒進肚裡。

⊙生生不息的蕃薯葉

種蕃薯葉其實是為了親愛的老婆。老婆愛吃蕃薯葉，開園以後就叮嚀我要趕快種，讓她每天都能大快朵頤。我遲遲沒有栽種；經她三番兩次提醒，才知道是說真的。於是到市場去尋覓可口的蕃薯葉。買了幾回試吃後都不滿意。直到有一天，經過一個只賣蕃薯葉的菜攤，他已做完生意在收拾了。我指著他身旁一大籃的蕃薯藤，問道：「可以送我一點嗎？」他答得很乾脆：「要餵天竺鼠的，不行。」我求他：「我只要一小把，回去種給老婆吃。」他聽了眼睛一亮，立即抓了一大把給我，我飛奔到菜園裡種了下去，也沒問他蕃薯葉的口味如何。

蕃薯葉像油麻菜籽，落土後很快就長根發芽了。望著嫩綠的新芽在晨風中搖曳，心中有說不出的快樂。難得有愛吃這麼平凡的蕃薯葉的老婆，我還能不努力照顧嗎？每天稍微澆點水，它就長得更快更好了。半個月後我摘了一小把蕃薯葉回家，炒了一盤，又嫩又美味，親愛的老婆吃得好開心，給我一個吻，我的心都飛起來了。

老友聽說我要種蕃薯葉，給了我一把牛奶蕃薯藤，說是新品種，頂好吃的。我闢了一小畦地，如獲至寶的把它種下去。三個星期後就爬滿了菜畦。我摘了一把回去炒，卻有點苦；老友說是太嫩了，要成熟一點的；我半信半疑。第二回，我等它們長大了些再摘，果然可口多了。才知道吃菜也要配合植物們的個性，不然就會適得其反。

既然親愛的老婆愛吃蕃薯葉，我又另種了半畦；它們也長得飛快，爬滿菜園。

⊙欣欣向榮的蕃薯葉

從此每餐餐桌上幾乎都有蕃薯葉，老婆吃得很開心，我倒是先吃膩了，有時是忍耐著吃完的；於是開始把蕃薯葉往外送。知道大多數人並不是挺愛吃，所以每次都會美言幾句：「有機栽培的，不灑農藥的喔。」朋友們一聽都欣然接受。於是餐桌上的壓力減輕了，我也鬆了一口氣。

老友告訴我：「蕃薯葉也需要水，不然會變得很老。」我知道它很耐命，聽過就忘了。到了夏天，菜園乾旱，有時一個星期根本都沒給它喝水。發現它的枯葉多了，葉芯部分變成了褐色，摘起來像橡皮一樣韌，我才知道太疏忽它了，趕緊為它澆水。只是為時已晚，有幾個星期我根本不敢摘這種老蕃薯葉回家炒來吃。老婆疑惑的問我，我心虛的說：「天氣太熱，蕃薯葉太老，不好吃，會破壞妳對蕃薯葉的印象。」

有一天，我在挖土香草時，突然挖起一顆小蕃薯，才猛然想起它是會長蕃薯的。趕緊告訴親愛的老婆，她眼睛一亮，立刻要我去挖來嚐嚐。我掄起鋤頭，用力往下挖，當淡黃色的果實在黑色泥土中出現時，彷彿挖到了寶藏，我開心得手舞足蹈。老婆把蕃薯洗淨，連皮切成塊，加上枸杞、紅棗，煮了一鍋蕃薯湯，冷熱咸宜，真是盛夏消暑的聖品。品嚐著親手栽種的蕃薯，心中有一份濃濃的幸福感。

半畦蕃薯慢慢挖了兩個星期才吃完。我清理好土地，讓它休息一陣子，又在另一畦裡種上新的蕃薯藤。不久蕃薯葉又會藤繁葉茂，成為餐桌上的美食。因為它是油麻菜籽，落地就會生根，沒有不能成長的土地。只是別忘了要為它澆水，才能長得嫩綠可口。畢竟，它連肥料都可以不施的，又長得比雜草快，草只能瑟縮在它的藤蔓下，水只是它最卑微、最基本的需要啊。◆

⊙可愛的蕃薯花

小百科>>蕃薯，又名地瓜，為臺灣早期最普遍的食物，還可以製糖和釀酒、製酒精。中醫認為蕃薯補虛乏、益氣力、健脾胃、強腎陰。1995年美國生物學家發現，蕃藷中含有一種化學物質脫氫表雄酮（DHEA），可用於預防心血管疾病、糖尿病、結腸癌和乳腺癌。蕃薯葉富含維生素C、B2、β胡蘿蔔素及酚、鈣、磷、鐵。

美菜小撇步>>容易生長，少蟲害；但要留心蝸牛和草蛭。水量宜多。葉用類要注意剪除多餘藤蔓，才會長得漂亮。

64

平凡沉潛的花生

花生

那是很悠遠的歲月了，就讀初中時，國文課本有一篇許地山先生的〈落花生〉。描寫家人在屋後種花生，收穫後品嚐花生的情景，其中父親對子女的談話，深深印在我年幼的心版上。他說：

「這小小的豆不像那好看的蘋果、桃子、石榴，把它

⊙挖開泥土，可愛的花生們向你打招呼

們的果實懸在枝上，鮮紅嫩綠的顏色，令人一望而發生羨慕的心；它只把果子埋在地下，等到成熟，才容人把它挖出來。」「所以你們要像花生；因為它是有用的，不是偉大、好看的東西。」

那年暑假在農改場花生課打工，接觸到琳瑯滿目的花生，有紅的、黑的、條紋的、粉紅的、褐色的，令我大開眼界。每天剝花生、測量花生，當然也吃花生，吃得我長了滿臉痘痘，但也因此喜歡上了花生。現在茶桌旁、冰箱裡，炒花生、煮花生幾乎沒斷過，花生的香氣一直迴盪在我的胃裡，像上了癮一樣，幾天沒吃，就不覺會想它。有了菜園，因為缺水，尋找耐旱的作物，花生就成了最佳人選。

四月下旬到雜貨店買了半斤花生，粉紅的色澤像少女粉嫩的皮膚，漂亮極了。挖好溝畦，埋上基肥，每隔二十公分種上兩顆，種了兩個半畦，覆上泥土，蓋上草，澆水，就等著它發芽囉。五月初我和親愛的老婆到東歐玩了十二天，回來後第一件事就是去菜園探望它們。菜園裡乾旱得像沙漠一樣，花生畦裡只零零落落的冒出了十幾棵苗，發芽率不到百分之十，我像洩了氣的皮球差點昏倒。雜貨店老闆當初信誓旦旦的說：「這麼漂亮的花生保證一定發芽；種子店也是在我這裡買的。」唉，我總不能因半斤花生這種小事去找他理論吧。

我把花生苗集中種成四排，施點有機肥，就讓它們努力去生長。不知是肥料的作用，還是我經常澆水的緣故，花生苗長得很快，沒多久就蓊鬱一片，藤蔓侵犯到隔壁的胭脂茄美女了。我把它們翻回來，它們堆擠在一起，似乎有點無奈的望著我，埋怨我沒給它們足夠的空間。

五月中旬花生開始陸續開花，黃色的小花在綠葉叢中分外耀眼美麗。開花處落土後就會長出花生果，這些花就是希望之花哪。我望著像星星般的花朵，想到它們正在泥土裡鴨子划水，默默、努力的繁殖下一代，心裡一陣感動。許地山父親的話不覺又縈繞在耳際，分外鮮明。

六月底，颱風來襲，菜園裡強風肆虐，我並不擔心花生被摧折，擔心的是雨水充足後，它會太過茂盛，藤蔓太多，長不出果實。我的憂慮竟然成真，花生藤蔓幾乎高過茄子樹。想到四月份在綠島看到矮矮的、趴在泥土上的花生，不禁懷疑的問主人，他笑著說：「別小看它長得這樣不起眼，可超會結果呢，結出來的花生又香又甜。」我的花生藤長得像巨無霸，會結出果實嗎？我看著黃色的小花，不禁疑惑了。

八月初，有一天我在挖土香草，無意中竟然挖出一顆花生，嚇了我一跳，抖抖泥土，露出雪白的花生殼，飄來香噴噴的味道，我開心得幾乎要飛起來了。趕緊捧回去給親愛的老婆欣賞。把它洗淨，剝開來，兩顆飽滿的淡粉紅色的花生仁，像嬰兒般粉嫩的皮膚，美極了。各嚐了一粒，好甜啊！我又挖了幾顆來試，嫩嫩的還未成熟，決定稍安勿躁，再等幾天吧。

八月中旬，距離我播種花生四個月後，一個天朗氣清的日子，我們決定舉行花生豐收祭。我拿著鋤頭，用力往花生畦挖下去，撥開泥土，一群群淡黃色的花生露了出來，彷彿在向我們打招呼，原來泥土裡是如此熱鬧啊。摘著花生，菜園裡飄散著迷人的香氣，我們都陶醉了。

把花生洗淨，煮熟，和親愛的老婆在燈下品嚐。清香甜美，陽光和健康的香氣在嘴裡散放開來。老婆吃得笑瞇瞇，開心的說要把花生送給親愛的爸媽，可愛的兒子媳婦、女兒女婿。我笑一笑不忍提醒它：我們只有十棵果實不多的花生，粥少僧多，恐怕還沒配送到他們手上，早已全進了我們的肚子裡。平凡的花生沉潛泥土數月，換來人們的喜悅，它們如果有知，一定也會開心吧。我想起許地山說的：「那麼人要做有用的人，不要做偉大、體面的人了。」在這個自我吹捧、推銷唯恐不及的年代，這句話更彷彿是空谷足音，沉默的花生不知是否會贊成。肯定的是：下次我會注意選種和栽培，不再重蹈覆轍。務農，也要像學生記取經驗，不斷的檢討改進呢。◆

⊙花生畦

⊙欣欣向榮的花生苗

小百科>>花生，臺灣話稱為土豆。莖上開花，開花處落入泥土裡結出花生果。種子富含脂肪和蛋白質，蛋白質中含有人體所必需的幾種胺基酸，營養價值甚高。可直接作為食物，或榨油。

美菜小撇步>>作畦時要多放堆肥。開花時注意澆水。結果時期水分要適量，藤蔓太高太多，會影響結果量。待藤蔓略顯枯黃時即可掘土採收。

68

絲瓜

絲瓜，瓜瓞綿綿

和南瓜、胡瓜一樣，絲瓜是農家三大普遍的爬藤類作物之一。春天時節，你看哪一戶農家的庭院棚子上不爬滿絲瓜的？想要種絲瓜，就像汽車要有輪胎，文人要有紙筆一樣，是菜園藍圖裡重要的一環。

春節過後天氣和暖，是種絲瓜的好時辰了。還沒去

⊙長相奇特的澎湖絲瓜

買種子，鄰園的郭太太就送我幾顆澎湖絲瓜種子。想起多次在餐廳嚐過「絲瓜蛤蜊湯」，澎湖絲瓜的美味一直讓我戀戀難忘，當然就立刻把它種在水泥圍牆下。它喝了幾口春天的水，在春陽的呼喚下，很快就發芽了，然後快速的往籬牆上爬。但可能是日照不足，細細瘦瘦的身子讓我很擔心，將來如何長出碩大的絲瓜？於是趕緊澆水、施肥，照顧得像小嬰兒一般。

還沒爬上圍牆，它就開了一朵黃色的小花，鮮豔的黃花為斑駁的水泥牆抹上一縷盎然生機，美麗極了。黃花後跟著一條小小的絲瓜，羞澀的模樣好像弱不禁風的纖細少女。可惜初長的絲瓜很快就轉黃、夭折了，我雖有點失望，但小時候看過太多絲瓜成長的經驗，知道這是它成長的過程，也就放心的為它摘芯、綁竹竿。它經過一週日夜不眠不休的努力，終於爬上了圍牆，迎著春風開心的唱起歌、跳起舞來了。

摘芯後的兩棵絲瓜，以極快的速度長出十餘條藤蔓，向四面八方奔馳而去：有的在草地上爬著；有的彷彿攀岩的高手抓住圍牆突出的水泥或釘子，吊在半空中晃呀晃的盪秋千；有的緊緊抓住它的藤蔓兄弟爬著，模樣十分有趣。我只能控制長在前頭的幾條主藤，用石頭把它們像犯人一樣重重的壓在牆頭上；它只好乖乖地爬著，努力地往前進。

澎湖絲瓜不像一般長形或圓形絲瓜那樣可愛，小時候就稜線分明，像剝開的橘子一瓣一瓣的。長大後稜線愈來愈粗也愈來愈硬，像莢果類的鐵甲武士。我和親愛的老婆研究著彷彿外星球來的玩具般的它們。親愛的老婆很有想像力，說澎湖多風，硬

⊙美麗的絲瓜花

硬的稜線像男生，在碰撞時可以保護嬌嫩的果肉。多精闢的解釋！我聽了趕緊抱住她，好像自己就是澎湖絲瓜的稜線般。

也不知道絲瓜到底成熟了沒，長到像親愛的老婆手腕粗時，我們就先摘了兩條回去嚐鮮。雖然削皮費了一點勁，幸好果肉十分鮮嫩，炒起來清甜極了。兩條絲瓜炒起來只一小盤，很快就盤底朝天了。有了這美好經驗，從此就更細心的照顧了。絲瓜也不負我們的期望，雖然長得不多，可也幾天就能採收個兩三條，餐桌上就經常有它們的美味了。

絲瓜也很調皮，它們喜歡爬過圍牆去探險。圍牆另一頭是茂密的雜草，它們躲在裡頭像在玩捉迷藏。我隔幾天就要爬上牆頭瞧瞧，當然也會發現成熟的絲瓜，趕快採收起來。有時事情一忙忘了，就會發現一條條老掉的絲瓜，睜著黃黃的眼睛望著我，彷彿唱著那首〈白髮吟〉的老歌：「親愛我已漸年老，白髮如霜銀光耀……」我只好放它一馬，等著採收絲瓜囊吧。

從此，絲瓜就在圍牆上逐漸擴大地盤，總不會忘記長出一條又一條絲瓜，讓我們度過了春天，又陪著我們在夏天裡消暑，我感激得真想頒一張獎狀給它，上面寫著：「查澎湖絲瓜盡忠職守，長出一條又一條清甜美味的瓜，既飽主人胃，又可作為眾菜們的模範，殊堪嘉許，特頒獎狀以資鼓勵。」然後釘在圍牆上，天天唸給絲瓜聽，保證它一定感動得涕泗縱橫，又結出一堆絲瓜讓我們享用。親愛的老婆摸著我的額頭，說我一定是哪根筋不對勁，才有這種狂想。

夏天，颱風來了，圍牆上的絲瓜終於嚐到瓜路的坎坷。抓得不夠緊的，紛紛從牆上跌了下來，癱在牆腳下，糾結成一團。我拉拉它們，實在無力拆解，只好勉勵它們各自努力突圍。它們也真堅強，不久就分道揚鑣，又爬上了圍牆，快樂的舞蹈去了。

仲夏後，絲瓜不但葉子逐漸枯黃，也不太結果了。彷彿盛夏的太陽把它們晒昏了頭，失去了生命力一般。我望著一牆奄奄一息的絲瓜，有一絲絲傷感：絲瓜如人，也會老去、死亡吧！但它總算為我們結出了無數甜美的瓜果，供我們食用，也是居功厥偉。有一天，我在除草時，無意中除斷了一棵絲瓜，它也沒有任何聲音，只流下幾滴傷心的眼淚。我愣在那兒，不知所措。八月下旬回台中老家，說起我種絲瓜的事。妹婿教我一個好方法：「挖鬆泥土，放上堆肥，再灌些水，絲瓜就會再生，還可以長一季。」我半信半疑的在僅存的那棵絲瓜上忙了一番。還對它們唸唸有詞，祝它們再度生生不息。

妹婿的方法真有神效，一週後，絲瓜竟長出新芽，又快速的爬滿圍

⊙努力往上爬的絲瓜苗

⊙像在盪秋千的小絲瓜

⊙可愛的絲瓜

牆，開了黃色的小花，結出了纍纍的果實，比春天還多。一牆長著堅硬稜線的澎湖絲瓜成了菜園最神奇、也最令我大開眼界的事。如果我在夏末時把它們砍掉了，如果妹婿沒告訴我這個方法，也許我就無法見證這個植物生命的奇蹟了。

時序進入歲末，圍牆上的絲瓜雖然已呈現葉片枯黃的疲憊老態，但黃花仍開滿牆頭，瓜兒仍一條一條的結，我想起《詩經．大雅．綿》的：「綿綿瓜瓞，民之初生，自土沮漆。」將生民的繁衍用平凡堅韌的絲瓜為喻，實在貼切極了，因為在瓜瓞綿綿中，生命才能薪火相傳啊！種了絲瓜，我又多了一份對先賢哲理的體驗。◆

小百科>>絲瓜，又名菜瓜。富含水分、蛋白質、醣類、維他命B、C、鐵、鈉。據《本草綱目》記載，絲瓜全身均有奇效：瓜絡性清涼，活血、通經、解毒藥，又可為止痛、止血藥。瓜肉鎮咳、祛痰、利尿、治痘瘡。瓜葉、瓜莖治瘡毒。瓜水鎮咳、健胃、解毒。

澎湖絲瓜原名菱角絲瓜，因盛產於澎湖而得名。

美菜小撇步>>要搭棚架或攀爬於籬牆上。結果時可套袋或用報紙包裹，以防果蠅叮咬。

74

棚架上的小精靈

豌豆

夏末，敏豆、長豆相繼退出菜園舞台，我準備栽種嚮往許久的豌豆。想種豌豆，是感情的因素：國小時讀了安徒生的短篇童話〈豌豆莢裡的五顆豌豆兒〉，五顆豌豆被調皮的小孩用豆槍射出去，有的被鴿子吃了，有的落在水溝裡爛

⊙可愛的豌豆

了；有一粒落到了一個長滿青苔和黴菌的裂縫裡，發了芽，開了花兒，讓一位久病的小女孩對生命產生了信心。小小的豌豆像陽光照亮了陰鬱的生命，發揮了無比的力量，深深印在我的心版裡。有了菜園，到了種豌豆的季節，焉能錯過和影響我童稚心靈的豌豆成長的機會。

我要種豌豆，老圃們都不看好，直說豌豆不易種，結果率不高，肥料若不夠，莢果也不漂亮。但還是那句老話：從小把吃苦當作吃補，那些理由只會增加我的鬥志。買了種子，順便請教老闆訣竅。老闆只說：「豌豆授粉不易，每穴可多種幾顆。」我謹記在心，趕快把豆子播下。它也不辜負我的期望，幾天後平日常吃的熟悉的豌豆苗從泥土裡探出了頭。我開心的為它們澆水，還唱歌給它們聽。

種豌豆果然不易，發芽沒幾天，莫拉克颱風來襲，災情之大天地都為之哭泣。等天晴後，豌豆苗竟然全部爛根，一命嗚呼了。我愣在棚架前，才不過幾秒鐘，就知道要像災民一樣，沒有悲傷的權利，趕快重種。

豌豆苗長得很慢，細細瘦瘦的像紙片人模特兒，好像風一吹就會不支倒地。為了迎接這些嬌貴的豌豆，我布置了「重兵」，把竹竿立得密密麻麻，好方便它們爬上去。它們的習性卻跟敏豆和長豆完全不同，不會繞著竹子爬，只用鬚鬚鈎。我立的竹竿雖不粗，也無法讓它們的小手輕易的抓住，我只好用塑膠繩把它們綁在竹竿上，也是徒然，架子似乎只是讓它們累了靠一下的肩膀而已。但老闆告訴我的方法有了另一種作用。幾棵豌豆長在一起，它們竟然手拉著手像一面牆站了起來，我只要綁一兩棵，它們就直挺挺的，連秋季遒勁的東北季風都無法吹倒。這真出乎我的意料，也就放心的讓它們自由發展了。

只爬到半竿子，豌豆花就在晨曦中來報到了。它的花瓣有兩層，外層像是粉紅色的蝴蝶羽翼，內層則是深紅色像半開的貝殼花瓣。我看得著迷了，趕緊回家取來相機為它拍照。婀娜多姿的花朵似乎比莢果更搶鏡頭呢。沒想到花開了幾天，凋落前又轉成了紫色，棚架上紅紅紫紫像節慶懸掛了綵帶一般，充滿了一片喜氣。我和親愛的老婆看得如癡如醉，直嘆植物怎會如此懂得精心打扮自己，還不必耗資購買化妝品，做各種整型手術：造化實在太眷顧它了。

讚嘆聲甫落，凋落的花朵便孕育出了小小的莢果，像綠色的小月亮，十分可愛。莢果愈來愈多，但不像敏豆和菜豆的高頭大馬，氣勢雄渾驚人；它們秀秀氣氣的一小片一小片隨風擺盪，棚架上這些小精靈多麼富有詩意啊！一個星期後，我們舉行了收穫祭。我拍下豌豆美麗的身影，親愛的老婆負責採收，摘了十六莢，放在火鍋裡汆燙，清甜爽脆，比頂極的燕窩魚翅還美味。

⊙結實纍纍的豌豆

為了讓豌豆有充足的營養，我在仲秋又加了一次肥。掩上泥土，澆上水，它們似乎感受到我的愛心，花開得更多更美，莢果當然也就源源不斷的進了我們的五臟廟。老圃們看了直呼不可思議，我這菜鳥種的豌豆竟有這等迷人的風光。我的心當然也快樂得飛到棚架上，和那些紅紅綠綠的、一個個可愛的精靈，一起舞蹈，一起歡呼：「呀嗬！」聲音在菜園迴盪，眾菜們聽了都悠然神往。我知道，秋日的菜圃、棚架上的精靈還會帶來更多的喜悅。◆

⊙美麗的豌豆花

⊙豌豆新苗

小百科>>豌豆，又名青豆或荷蘭豆。嫩莢、豆粒、豆苗都可食用。富含高蛋白、脂肪、糖類、維生素B1、B2、胡蘿蔔素、菸鹼酸和粗纖維。中醫認為有增強免疫力、防癌抗癌、通腸利便等多項保健功能。

美菜小撇步>>豌豆不會旋繞竹架攀爬，要用繩子分段綁住。可採穴播，一穴可多播幾顆種子，留二、三棵方便授粉與結果。

78

網室天地

種了半年菜，儼然是一位老圃了。嚐遍種菜的酸甜苦辣，自然就想來一番維新運動，解決遇到的難題。幸好我家親愛的老婆對我的種菜一向抱持著「愛的鼓勵」，我的維新運動不必像行政院施政還要經過立委諸公們同意，擁有完全自主權。

⊙網室裡的白菜

其實種菜的困擾並不難解決：土地貧瘠可施有機肥；乾旱可多澆水；最大的困擾還是蟲蟲危機，遇到排山倒海而來的蟲蟲大軍，我幾乎是無計可施，只有舉白旗投降。老友最近學了利用網室栽培的好方法，簡單實用，價格又低廉。我一聽，趕緊去觀摩。回來後量好菜畦長寬，到塑膠店裡剪了兩塊紗網，又去買了一大捆竹子，就在菜園裡「大興土木」起來。搭好竹架，把紗網蓋上，拉直，四週用石頭壓住，就是一個簡單的網室，蔬菜們安全舒適的床了。

有了網室，先前容易得蟲害，我一直不敢種植的蔬菜們都可以搬上舞台大展身手了。我先撒上白菜苗，再培育結頭菜。白菜三天就發芽了，它們在網室裡伸伸小手，擺擺腰，一副自得的樣子。蝴蝶在外頭繞呀繞的，就是沒法兒進來在上頭產卵，不能產卵，當然就沒有毛毛蟲會吃它們囉。我看了十分得意，沒想到這樣一個小網室，竟然可以解決菜園的蟲蟲問題，我真是相知恨晚哪。白菜半個月後就可以開始採收了。它們的身子白得像雪，鮮嫩的黃綠色葉子一彈就破，我小心翼翼的摘了一把，回去炒了一小盤，又脆又甜，真是棒透了。晚上吃火鍋時，涮幾下就放入嘴裡，更是好吃得沒話說，一大盤白菜，不一兒就被我們一掃而光。親愛的老婆說：「老公，你真厲害吔！」我當然是心花朵朵開，一切辛苦都煙消雲散了。

吃著白菜，才想起同時播種的結頭菜。望望花盆裡的十餘棵小菜苗，想起電視裡孩子成長的廣告：「平平是同時種，那也差那麼多。」沒辦法，我總不能罵它們，只好等它們長出三、四片葉子時，再移入網室裡享受沒有蟲害的快樂時光吧。

⊙網室是蔬菜們的樂園：欣欣向榮的菠菜

⊙網室竹架

它們發芽雖慢，落土後卻長得極快，身材比白菜大又高，遠遠超乎我的意料。其中有一棵鶴立雞群，手腳比別人長一倍，沒多久就頂到了上頭的紗網。一開始我不以為意，認為是它天賦異秉，吸收力特別快，開始結頭後葉子就不會再長高了。沒想到它並未停止，用力頂著紗網，好像活力充沛的小孩。我打開紗網仔細瞧瞧。看看葉子，模樣差不多，再看看它們根部，咦，別人都已有了一個小小圓圓的頭，它卻直挺挺的，毫無動靜。我把疑問告訴親愛的老婆，第二天一起去會診。親愛的老婆也看不出什麼端倪，我卻當機立斷：它一定不是結頭菜。好像是綠花菜或芥蘭菜。我把它移出網室，種在半包妹旁，以觀後效。

五塊錢的白菜子培育出的成果，數量還真不少。我們吃了幾次，還可以分送給同事與鄰居，最後全數摘回高雄岳家，放在牛肉麵裡進了我們的五臟廟。這都拜網室的功勞。鄰園郭太太可就沒這麼幸運，她的白菜葉被吃得像紗網的洞洞，慘不忍睹。她看著我網室裡漂亮的白菜，羨慕極了。

結頭菜慢慢茁壯，根部也像陀螺般愈轉愈大，只要我繼續施肥、澆水，它們在網室裡結出大大的菜頭是指日可待的。白菜採收完畢前，我已在培育高麗菜苗，打算將年初被蟲吞噬的高麗菜利用網室栽培，一定會成功的扭轉局勢。除了高麗菜，我還要種花椰菜、綠花菜……，這些容易招蟲的蔬菜都想要請它們住進這個樂園。讓蟲蟲們在網室外垂涎三尺，和我當初看見蔬菜們被牠們吃掉一樣，恨得牙齒癢癢的。想到這兒，我的心就像春天的風箏飛了起來。

⊙網室裡的結頭菜與白菜

每天看著眾菜們在網室裡成長、變化，覺得造化真是奇妙。世間萬物擁有各種樣貌：高矮胖瘦、方圓曲直各異其趣，只要適得其所，無不快樂生長。如果遭逢災害，命運就會坎坷多舛，需要更多精神與力量來克服。網室裡的天地何其安全、可愛，而人間呢？我們如何營造一個安全，沒有任何災害的環境，讓我們的子女成長、茁壯？◆

附記：被移出的那棵菜，半個月後長成了椰菜心，約有結頭菜株的兩倍高；兩種菜幼時幾乎像孿生兄弟一樣。摻入的這顆種子可能是農家作業不慎誤置。

小百科>>網室並非蔬菜的金鐘罩，它可阻絕大部分昆蟲，但無法抵擋細小的病菌。如網孔太密會導致通風不易，使室內溫度增高，蚜蟲等小蟲反而容易滋長，要小心防範。建議在菜園工作或澆水時可打開網子，順便檢查是否有蟲害。

82

蘿蔔聯合國

蘿蔔

秋高氣爽的季節到了。

秋天是多麼美好的季節：農人的作物成熟了，一季的辛苦有了代價；愛旅行的人結伴去遊山玩水賞楓葉；怕熱的人暫時告別炙人的豔陽……。秋天也是種菜的好季節，愛種菜的人開始計畫大顯身手了。

⊙可愛的蘿蔔好像要跳出泥土一般

我早就規劃了秋天的第一批作物，要來個蘿蔔聯合國：白蘿蔔、紅蘿蔔、紅皮蘿蔔。親愛的老婆聽了很開心，因為她屬兔，喜歡吃蘿蔔；我也是。

撒下種子，覆土、澆水，拍拍手上的灰塵，看，就這麼簡單。幾天以後，小傢伙們紛紛伸出手來，好奇的向我打招呼。我為它們澆水，叮嚀它們可得快快長大，它們的女主人等不及啦。蘿蔔們很聽話，沒幾天就長出葉子。它們的葉子各有特色：白蘿蔔長長的，紅皮蘿蔔像藝術家，三對羽狀加一片橢圓形的葉子十分別緻；紅蘿蔔則迥然不同，細細的針狀葉子，與茴香菜幾乎一模一樣。我仔細的端詳它們，看得趣味盎然。老婆也過來湊熱鬧。她看到紅蘿蔔苗，有點不好意思，勾起了一段糗事的回憶：剛結婚時，我們賃居在一棟田園中的小屋，我向屋主借了一小塊地種菜，也種了一畦紅蘿蔔。有一天放學回家，親愛的老婆喜孜孜的向我邀功：「人家今天有幫你拔很多草喔，很辛苦吶！」我趕快跑去菜園看看，差點昏倒。老天，她已把紅蘿蔔苗拔掉了一半。老婆委屈的說：「人家聽說草都長得比菜高，我看它們長得那麼高，那麼細又那麼多，以為是草，就拔起來了。」不僅此，她有時還分不清土香草和韮菜。所以，只要她心血來潮要到菜園「視察」，我都亦步亦趨的跟著，好像主管後頭的小科員，深怕她又一時迷糊，把我的菜看成了草都拔光了。

菜苗發芽後，我為它們疏苗，憑著記憶和想像，每隔七、八公分一棵。剛開始她們彷彿站不穩的醉漢，歪歪倒倒的。我心想這怎麼成，趕緊培土讓它們立正站好。它們的根也細細的，真讓人懷疑怎麼會長出碩大的蘿蔔。蘿蔔苗慢慢長大，葉片上竟出現了一個個小洞，糟糕！又有菜蟲來搗亂了。想到菜蟲，就勾起高麗菜被蟲吞噬的慘痛記憶。我趕緊尋找菜蟲。眾裡尋牠千百度，終於在葉片後看到牠們的身影，我當然立即將牠們丟過大排，消除後患。從此又陷入了與蟲蟲們大戰的噩夢中，連帶的對菜蟲們的元兇：蝴蝶們，也驅之而後快。說也奇怪，蝴蝶們似乎知道我不好惹，每天大多在圍牆對面的鬼針草花上飛舞，對我的菜園興趣已不高。我與菜蟲們的大戰只維持了兩個星期，便因蘿蔔葉愈長愈多，牠們偶爾吃掉一兩片也不成災害，我也就放手不管了。忙完菜蟲，有一天我意外發現，葉片下的根部逐漸膨脹，是長蘿蔔的時刻了。我興奮得像初次遠足的學生，告訴親愛的老婆這個好消息，還拿著相機拍下這歷史鏡頭，只差沒拔起蘿蔔來拍照而已。

從此，我像好奇寶寶，每天都到蘿蔔區報到，看看它們成長的進度和可愛的模樣。白蘿蔔雪白的身子像冰清玉潔的少女；紅皮蘿蔔粉嫩的紅皮膚像擦了胭脂一般，羞答答的探出頭瞧著我，好像在跟我打招呼。我簡直為它們著迷了。拉著親愛的老婆來瞧瞧它們的美貌；親愛的老婆說：「拔一棵來煮湯嚐鮮吧。」嚇得我趕緊搖手：它們還只在嬰兒期哪。

蘿蔔們每天競賽似的長著，彷彿吹氣似的。露出了半截身子，我開心的摸著它們說：「加油！」小小農夫的快樂，真是南面王不易也。可是紅蘿蔔就沒有這麼順利了。它們秀秀氣氣的長著，連發芽都比別人慢個半拍。細細瘦瘦的身子弱不禁風，半個月才只長了四、五公分高，真是急壞我了。我施了肥，澆著水，它們在晨風中輕快的舞蹈，可就是不慌不忙的長著。白蘿蔔和紅皮蘿蔔長得十分碩大了，紅蘿蔔還只是小不點兒，我計畫舉行的「蘿蔔聯合國大會」看來要延後了。有時計畫總跟不上變化，紅蘿蔔的成長就是最好的例子。

採收蘿蔔是件大事。我把親愛的老婆請來當模特兒，本來也想仿照小學時課本裡的拔蘿蔔課文，來一場拔蘿蔔實況錄影。可是蘿蔔實在不大，不必如此大費周章，親愛的老婆面帶迷人的笑容，只輕輕用力，蘿蔔就離開泥土，成為我們開心的收穫了。帶著紅白兩種蘿蔔，聞著它們特有的香味，我們手舞足蹈的回家了。不久，餐桌上就有了一道可口的金鈎蘿蔔湯，香甜的蘿蔔讓我們口齒留香久久難忘。根據親愛的老婆的分析：白蘿蔔味道濃烈，像男生般粗獷；紅皮蘿蔔肉質細，味道清淡，似女生般秀氣。我聽了佩服得五體投地。

十一月初，我和親愛的老婆到日本奧之細道賞楓五天。臨行前叮嚀蘿蔔們可要莊敬自強、努力成長。回來後到菜園查看，沒想到兩塊蘿蔔園地全被蟲蟲們攻佔，所有的葉子都千瘡百孔，慘不忍睹。我看了差點昏倒，本想實施除蟲計畫；但它們實在已病入膏肓，葉子上全是蟲卵和蟲蟲，只好放棄。我拿起剪子把它們理成平頭，看看能不能稍減一些災情。就這樣，蘿蔔們的成長戛然而止，我拔起蘿蔔分送友人，最後還送回高雄岳家請大舅子做成蘿蔔乾。長得慢一點的紅皮蘿蔔有的像熱狗，有的像乒乓球，我一餐可吃好幾十條。把蘿蔔種成這等光景，實在慚愧。

辛苦栽種的一片蘿蔔，在這場意外的蟲蟲事件後，提早進了我們的五臟廟。我瞧瞧一旁的紅蘿蔔，它們已有十來公分高了，疏苗時拔起的紅蘿蔔也有鉛筆般粗了，又甜又香，實在令人期待，最多再過一個月我就可以採收了。雖然我的「蘿蔔聯合國」盛宴無法如願舉行，但又何妨！世事如棋，稍微一轉又是一番風景，種菜何嘗不是。菜苗能順利成長、茁壯已屬幸運；辛勤耕耘，歡呼收穫，這是千古不易的道理。但想到俗語說的「一分耕耘，一分收穫」當中的「一」字，並非十分或百分之一，而是「全部」之意哪。因為只要中途稍一疏忽，也許就會前功盡棄，那就徒呼負負了。蘿蔔聯合國的種植，讓我對先賢的哲理又有了新的體認。◆

小百科>>蘿蔔，俗稱菜頭，品種極多，依顏色有紅皮、白皮、紫皮等，依根部形態可分球型、長型等。蘿蔔含有多種維他命；以白蘿蔔最多。性涼，有清熱氣、解毒的功效。但體質偏寒或有胃病者不宜多食。中醫認為蘿蔔會「化氣」，進食補品後就要避免食用蘿蔔，以免減低補益效果。

美菜小撇步>>莖葉極大，株距宜寬。喜歡冷涼氣候，土壤以鬆軟深厚為佳，土中的小石子要仔細清除，以免根部變形。生長時易生青蟲，要經常檢查除蟲。結實期間水量要適當，太多則易腐爛。

①紅皮蘿蔔
②紅蘿蔔苗
③又脆又甜的蘿蔔
④紅豔剔透的紅蘿蔔

88

結頭菜的雙城記

迪更斯的《雙城記》有一個膾炙人口的開場：「這是一個最好的時代，也是最壞的時代；這是光明的時代，也是黑暗的時代……。」老子也說：「禍兮福所倚；福兮禍所伏。」世事總隱含著兩個極端，擺來盪去讓你難以預料。我種結頭菜的經驗，對這些話體會特別深。

⊙採收的結頭菜

結頭菜與高麗菜同屬十字花科，都易遭毛毛蟲害，我在年初種高麗菜時曾被蟲蟲擊敗，以致不敢再嚐試。秋初，向好友學搭網室種植，才重新燃起希望。育苗、培土，忙得十分起勁。先試種了同樣易遭蟲害的白菜，白菜在網室裡快樂的生長，我望著在外頭翩翩飛舞卻無計可施的蝴蝶，十分得意。心想：「總算為菜們覓得一塊成長的樂土了。」

我接著育結頭菜苗。它們長得很慢，好像「蝸牛與黃鸝鳥」歌曲裡的蝸牛：「等我爬上（樹頂）它（葡萄）就成熟了。」育了三個星期，才能移到網室裡定植。小心翼翼的拿著脆弱的菜苗，真怕一個疏忽就弄斷了它的筋骨。結頭菜在網室裡也緩慢地長著，我每天澆著水，看著彷彿化石般的它，有點疑惑：到底哪裡出了問題？趕緊上網查閱它的資料，才發現結頭菜要兩個半月才會成熟，比起旁邊只要三個星期就可讓人大快朵頤的白菜，我得要像去西天取經的唐僧般歷經迢迢千里的風塵，有無比的耐心啊。

了解結頭菜的成長期，我彷佛吃了定心丸，乖乖地為它澆水施肥，不再怪它像轉不成大人的小孩了。結頭菜慢慢伸出手腳，每棵的地盤愈來愈大，還沒結球，竟然苗株們就碰在一起了，我暗叫不妙：「株距太小，會影響結頭菜的生長。」但已過了移植期的菜苗，除了疏苗就沒辦法了；我又不忍拔掉它們，還存著一絲絲希望，希望它們不再長葉，只努力結球就好。但人算不如結頭菜算，它的葉子還是不斷的向四週伸長，它們擠成一團，幾乎連轉身都有困難了，我只好採取剪枝法，結頭菜們無辜的望著我，好像在說：「主人啊，你為什麼把我們種成這樣啊！」

一個半月後，結頭菜的根部有了動靜，像懷孕的婦女般慢慢變大，我心中大喜，準備來個生態記錄，定期測量它們成長的速度，只差沒架設一台攝影機，拍下它們奇妙的成長身影。結頭菜們也很爭氣，菜頭愈來愈大，從一枚一元硬幣到十元、五十元，到乒乓球大小，我看得開心極了，帶著親愛的老婆來欣賞它們的美妙身材。親愛的老婆不停地拍手喊加油，也笑我少見多怪，不知每個種結頭菜的農夫是否都像我一樣？

照理說我的喜悅應該像燃放的鞭炮般一路綻放，可是有一天，我突然發現有幾棵結頭菜葉子似乎不太正常的捲成波浪狀，我把網子打開瞧瞧，不看還好，看了幾乎昏倒。每天隔著網子澆水，從未想過會有蟲害問題，沒想到一半的結頭菜葉子背面都是密密麻麻的、成千上萬的蚜蟲，輕輕碰碰牠們，牠們還會跑來跑去。我呆立在一旁，幾分鐘後才回過神來，立即拿來一隻小刷子，把牠們刷下來，可是牠們又在泥土裡蠕動，我只好把牠們蓋在泥土裡。忙了半天，總算大致清理乾淨了。我把網子蓋起來，但心頭又開始忐忑不安。幾天以後發現又有了蚜蟲，而且得病的結頭菜也不太長了，與健康的結頭菜有了一段差距。我經過一番長考，決定壯士斷腕，把有蟲害的結頭菜全數拔除，以免傳染開來使災情擴大。網室裡少了一半結頭菜，變得明亮起來，結頭菜也長得快多了。我捨棄了一些結頭菜，也放下了心，期待它們能快快成長，讓我能享用結頭菜大餐。

結果我的美夢只實現了一半。兩個星期後，我發現大部分的結頭菜葉背都有了蚜蟲，而且菜芯還有不尋常的腐壞現象。我知道它們和我的緣分已盡，於是當機立斷，做了廢園的打算。把結頭菜全數拔起，有的大如拳頭，有的小如雞蛋，拿回家送給親愛的老婆。親愛的老婆開心的把它們拿來涼拌與煮湯。結頭菜雖沒完全長大，但仍然清香美味。我吃著又脆又甜的涼拌結頭菜，喝著可口的湯，仍不免有些遺憾：有了網室，結頭菜有了成長的溫床，卻因我的疏忽而遭致另一種蟲害；也因我的錯估，導致結頭菜成了沙丁魚般擁擠成一塊，失去了盡情揮灑的空間。預料中最佳的園地，成了挫折的沙場；最放心的地方，卻是失敗的源頭。我想起迪更斯《雙城記》的開場白，了解了在最好的時代裡如果無法全力衝刺，尋求理想，反而會淪入黑暗的深淵，永劫不復。

種菜雖小道，仔細思索，也是有深意的。我再度撒下結頭菜籽，因為俗話說得好：「在哪裡跌倒，就從那裡站起來！」這次的經驗，一定會換來結頭菜快樂的成長。◆

⊙努力生長的結頭菜苗

⊙成熟的結頭菜

小百科>>紅頭菜，原名蕪菁。莖部會膨大成球狀，俗名大頭菜。可涼拌、烹煮。營養豐富，含鈣、鉀、鈉和鐵元素等。中醫認為能止咳消渴、止血清熱，減輕著涼引起之腹痛。

美菜小撇步>>株距宜寬。易生青蟲，要經常檢查除蟲。

92

A菜　金球獎

談起A菜，幾乎無人不知無人不曉：它可通俗到上了一般平民百姓的餐桌；也可以在高貴的盛宴做盤底擺飾，因為它家族很多，適合各種場合：有紅有綠；有結球、半結球；可生吃，也可熟食。名稱當然也各異：美生A、紅葉

⊙獲得最佳人緣獎的半包妹

A、綠莖A、波士頓A、大陸A等。老圃們也很喜歡種它，因為它營養價值高、成長迅速、幾乎沒有病蟲害。秋冬時節太陽威力減弱，對水的需求稍減，我就打起種A菜的念頭了。

種子店老闆推薦我種傳統A菜、菜心和半包妹，我就仿照蘿蔔聯合國，來一個A菜三軍囉。先種傳統A菜。把菜畦弄平，撒些種子，覆上薄土，澆澆水，它就搭上成長的列車了。它的成長就像台語的「桌上拿柑」那般容易，只要勤澆水，施點有機肥，就等著收成了。細細長長的A菜在風中搖曳，陽光透過葉片，黃黃綠綠的模樣像可愛的孩童，充滿生命力。我望著它們，感激它們的體貼與堅強，不曾給主人增添任何麻煩。

菜心和半包妹就比較費心一點，要先育苗。把種子撒在菜畦上，覆上薄草，等長出四片葉子，再為它們舉行搬家典禮。年初種過一次菜心，由於時間不對，菜心長得又細又苦，我只好把它們全數丟棄。這次我只種了二十棵，準備做青黃不接時候補的菜，因為它們的葉子可以剝下炒來吃。菜心葉子長得又大又翠綠，只是我期待的莖卻抽不高，我知道那是水分不足。今年雨水奇缺，八八水災後長達兩個月滴雨未落，全靠我提水「救菜」，雙手疼痛不已。後來趁回高雄美濃岳家時，在塵封的農具堆裡找到了一根古董扁擔，改成挑水，稍解我提水之苦。但還是無法滿足它們需水孔急，我也只好順其自然，偶爾摘些嫩葉嚐嚐，想吃又嫩又脆的菜心，就看天意吧。

⊙體型細長的傳統A菜

最有成就的就是半包妹了。育苗後間隔十五公分定植一棵，施點有機肥，每天早晚澆水，它們就努力生長了。捲捲的葉芽一片又一片的抽出，小小身子愈長愈胖，愈來愈高，葉子又綠又嫩，稍一碰觸，就「ㄑㄧㄚ」的一聲斷裂，好像少女柔嫩的皮膚，我看得心花朵朵開，親愛的老婆更是樂不可支，因為它們又脆又甜，是吃火鍋時的良伴。收成那天，我們特地摘了三大棵，放在火鍋中氽燙，不一會兒就盤底朝天了。從此，大多數的半包妹都在火鍋蒸騰的水氣中進了我們的五臟廟。

但半包妹種得實在不少，長得又碩大，尤其是網室內那批，多數都結出了半球，成了我拍照最佳的模特兒。我們怕吃太多，有了「半包妹臉」。有一天，摘了一些半包妹送給老友，他們看到漂亮的半包妹，讚不絕口。我一高興，連忙實施「A菜外交」。鄰居、老友，連昔日學校的老同事都沐浴著A菜的春風。看著大夥兒開心的模樣，我的辛苦都煙消雲散了。

我因種半包妹頗有心得，於是再播種一批；同時又購買了全包妹（結球萵苣）。因為我的「美名遠播」，育種後，許多老圃們都來挖菜苗，菜園裡人來人往十分熱鬧。我把大部分空地都種了A菜，和親愛的老婆討論決定舉辦一個「A菜金球獎」，讓它們比賽，看誰長得快又好。

經過一個多月的栽培與訓練，半包妹長得生意盎然自不在話下，首次種植的全包妹也不甘落後，賣力生長。它的葉片很有趣，小時候像鋸齒狀，長得四、五公分長時，就有點要彎起來結球的模樣了，細細瘦瘦的身子與半包妹胖胖的身材完全不同。初時似乎弱不禁風，一旦開始結球又展現了一副堅強的模樣，像害羞的少女，把自己隱藏在球狀的深閨裡努力生長。只見綠色的球苞愈來愈大，也愈來愈硬，個子也長成二十來公分的大巨人般，把傳統A菜和半包妹遠遠拋在後頭，讓人驚嘆它們的後勁十足，令人刮目相看。由於全包妹長得出乎意料的碩大，我栽種的空間不足，它們全都擠在一塊，彷彿洋流中的沙丁魚般，熱鬧極了。

在全包妹長大成球後，我和親愛的老婆舉行了慎重且絕對公正的評審會議，A菜們都在菜園摒息以待。親愛的老婆特地要我寫一篇評審委員意見。我綜合了兩個多月和它們相處的心得，以及它們在「A菜外交」上的表現，寫了下面一篇頒獎文，當場唸給A菜們聽：

「A菜是菜園裡最值得效法的模範生，營養豐富、造型多變，最重要的是富有愛心，鮮少害病，未曾讓主人傷神。經過主人與親愛的老婆公正的評審，得獎名單如下：

半包妹葉片自然捲，美麗大方獲得造型獎；在「A菜外交」上表現非凡，佳評如潮，再頒給人緣獎。

全包妹因需要結球，工程浩大，耗時費力，獲得耐心獎；葉片爽脆清甜，獲頒美味獎；髮型捲曲獨特，贏得最上鏡頭獎。

菜心雖因缺水，長得不夠漂亮，但不下雨是大環境因素，錯不在它，它長期供應菜葉，獲得功勞獎；又因長得高大挺拔，可得美姿獎。

長相平凡又略有苦味的傳統A菜，值得鼓勵，特頒給好菜獎。」

結果眾A菜們人人有獎，菜園響起熱烈的掌聲，得獎者都大聲說：「這是公正的！」典禮正要結束，沒想到親愛的老婆竟然頒給我一個「愛的抱抱獎」，感謝我辛苦的耕耘，眾A菜們都害羞的轉過頭去。於是，禮成，A菜金球獎頒獎完畢！◆

附記：A菜系列總稱為「萵苣」，台語俗稱「媚仔菜」。種類繁多，雜以各式各樣的外來種，但仍以本文所述四種較為普遍及美味。

①體型碩大的半包妹
②全包妹結出了碩大的菜球
③有一頭捲髮的全包妹

小百科>>A菜，原名萵苣。俗稱「鵝仔菜」、「妹仔菜」。種類繁多，大致可分為葉萵苣及嫩莖萵苣。葉萵苣有不結球及結球兩大類。葉中含有一種味甘、微苦乳狀的汁液，據醫學研究，有鎮靜和安眠的功效。富含鉀、脢，能促進消化及排便。

美菜小撇步>>蟲害甚少，是農人最喜歡的葉菜之一。傳統萵苣身材較小可採散播，其他則育苗後定植，要留適當株距。水分要適當，太多則易爛根影響生長。

98

石縫裡的小白菜

菜園邊界是大排水溝的坡坎，自然的天塹，把開闢菜畦挖出的石頭堆置在上頭是最自然不過的事，一長排大大小小的石頭像條石龍。我每天忙碌的用心經營菜園，石龍另一邊就彷彿咫尺天涯了。

一天清晨，正在為石龍旁的甜根菜澆水，眼前忽然閃過

⊙石縫裡意外長出的小白菜

一個綠色的影子，仔細一看，一棵小白菜在晨風中向我打招呼。我端詳著從石縫裡冒出頭來的它，一副翠綠可愛的模樣，把我嚇了一大跳。小白菜子是什麼時候飛到石縫裡的？它又怎會長得如此生意盎然？老圃們都知道小白菜難種，不但蚜蟲虎視眈眈，經常把它們吃得千瘡百孔，像葉片腐爛後殘留的葉脈般。蝴蝶們也喜歡造訪它，在上頭留下愛的結晶，孵出小毛毛蟲，大啖嫩綠的葉子。如果不噴藥或使用網室栽培，種植的小白菜幾乎都會功虧一簣；它又怎麼克服這些蟲害，長得如此美好？我曾種過幾次小白菜，有一次種子發芽後竟然在一夜之間全被蚜蟲吃光，讓提著水壺準備澆水的我愣在菜圃前良久，無法置信。慘痛的記憶歷歷在目，我也很難相信缺乏照顧的小白菜竟能順利活到現在。而且，台東久旱不雨，菜園若兩天不澆水，眾菜們大多氣息奄奄，轉瞬間香消玉殞，我從未為它澆過半點甘霖，乾旱的石龍彷彿沙漠，它又怎麼克服嚴重的乾涸？

所有的疑惑都得不到答案，生機盎然的小白菜不必任何照顧，就奇蹟似的成長起來，環境坎坷的石龍成了它快樂的天地。不像園圃裡的小白菜，有主人細心的照顧，反而背負著過多的期待，成為生長過程中的挫折：照顧太多就成為溫室裡的花朵，缺乏對疾病的抵抗力；期待太大就容易被壓倒斷折。我站在小白菜前天馬行空的幻想著，小白菜在微風中向我微笑，我不禁舉起手，向它，敬禮。◆

小百科>>小白菜，為蔬菜中含礦物質和維生素最豐富的菜。中醫認為小白菜性味甘平、微寒、無毒，具有清熱解煩、利尿解毒的功效。

美菜小撇步>>生長快速；但易遭青蟲為害。

100

無心插柳

蕃茄

昔時讀到《增廣賢文》裡的名句：「有意栽花花不發，無心插柳柳成蔭。」覺得這應是特例。也許是平時無意中累積的力量，在某個時刻突然爆發出來，成就了意外的結果，是造化冥冥中的眷顧。種菜後，在一棵蕃茄身上，我卻有了深切的體會。

⊙克服惡劣的環境結出纍纍的果實

去秋，試著栽種蕃茄。買了種子，半個月才育出了四、五公分的苗。定植後澆水、施肥，又為它們搭棚架，用繩子固定，剪側芽，參考蔬果書籍，照顧得無微不至。但它們像嬌嫩的千金小姐，一遇風雨就經常生病：有的葉子綣曲，有的裂果，有的好不容易長成拳頭大小，在收成前卻突然爛果。辛苦栽種了三個多月，也沒吃到幾顆蕃茄。最後我認為大概是那塊土地和蕃茄犯沖，於是狠心將它們全部拔除。只不過幾分鐘光景，它們就躺在田埂上，豔陽一晒就癱軟了。

廢了蕃茄園，我可不灰心，再易畦而種。拿出上回購買的種子再度育苗。說也奇怪，十天過去，竟沒有一顆發芽，反倒是我另一塊育Q妹苗的苗圃裡，長出了十來棵蕃茄苗。也許是經常來園裡遛躂的烏頭翁「解放」的糞便帶來的不速之客吧？我正愁沒蕃茄苗可種，也不管它們是什麼品種，立即就移植到園圃裡，用心照顧起這批意外的來賓了。

它們長得很快，也結出了蕃茄，我一看它們的模樣，知道是水果攤上常賣的桃太郎蕃茄。心的形狀，尖尖的尾端，造型十分優美，比我先前種的大蕃茄漂亮多了。我不但把它們小時候可愛的模樣照了下來，每個階段也都用心拍照，最漂亮的是它們成熟轉紅時，紅色的身影襯著旁邊綠色的同伴，像穿著紅色嫁衣羞答答的少女，實在迷人哪。我請親愛的老婆來摘下它們，放在餐桌上好幾天還捨不得吃呢。

當我們在歡慶蕃茄收穫時，在圍牆一角的石堆裡，突然發現了一棵十餘公分的蕃茄苗。我想石堆裡沒什麼養分，也許不久它就會香消玉殞了，就讓它長看看吧。

⊙從石頭堆長出的蕃茄

沒想到它像油蔴菜籽一樣，繼續在石頭堆裡擴大地盤，不久就長到我經常走動的畦溝了，我只好抬起腳跨過去，有時也會不小心踩到它的枝蔓，就會像觸電似的跳起來，連忙向它說聲抱歉。心想：「這蕃茄生命力可真強。」既然它有心生長，於是澆水時偶爾也會給它一勺；至於施肥，是壓根兒也沒想到的事，因為還要搬開石頭，太麻煩了。

這棵野生蕃茄沒有棚架可支撐，就趴在地上開開心心的長著，開了花，結了一大串一大串蕃茄。我看了簡直不敢置信。以為不久果實就會因營養不良而掉落；它卻愈長愈大。它和園畦裡的蕃茄同屬桃太郎品種，但長得並不遜色。它的果實躺在地上，我怕會腐爛，可它們一點也不受影響，皮膚照樣光可鑑人。不久，蕃茄成熟了，我感激的摘下了它，想起《增廣賢文》裡的「有意栽花花不發，無心插柳柳成蔭」，心裡百感交集。一年多來在菜園裡耕耘，千辛萬苦栽種的蔬果，卻偏偏毀於蟲害；購來的蕃茄種子讓我種得挫折連連，無意間萌發的野生蕃茄，完全未曾獲得主人的眷顧，卻長得壯碩無比，且結實纍纍。

世事如棋，變幻莫測；種菜也是。看看菜園裡從去年就不停種植的南瓜，換了不少品種，照顧得無微不至，瓜藤爬滿了坡坎，一年多了，卻從未長過一顆。我不禁默默祈禱：希望上蒼也能像野生蕃茄，掉下一棵種子，長出無數南瓜，撫慰我頻受挫折的心靈。但我這樣「有心」的癡想，應該不屬於「無心」的範疇，也許永遠不會實現吧。◆

103

油蔴菜籽的樹豆

住在美濃客家莊的泰山大人善於料理樹豆。加入豬大骨熬煮半天的樹豆，起鍋時放上切碎的蒜苗和香菜，濃郁豆香、肉香中帶點青菜的香氣，是子孫輩們的最愛，逢年過節，大家都會異口同聲：「一定要有樹豆湯喔。」一大鍋豆湯上桌沒多久就見底，連大骨都被啃得津津有味，可見它的超人氣。

⊙樹豆花

種菜後，親愛的老婆說：「老公，來種樹豆好嘛！」雖已過了種樹豆季節，我還是不忍讓她失望的在坡坎邊挖了幾個大洞，埋下堆肥與有機肥，播下幾顆種子。樹豆的發芽很順利；但初時它們細細長長的，一副弱不禁風的模樣，加上秋天東北季風遒勁，把它們吹得搖搖晃晃，我趕緊立上竹子，綁緊，免得它們斷折。秋冬不是它們成長的時節，整個一季也不太見它們長大，瘦瘦黃黃的，看得我有點擔心，不知是水分不夠或營養不良？於是澆水施肥，一點也不敢怠慢。

春天，樹豆冒出了新芽，變成一片翠綠，也吹氣似的長大，沒多久就超越了我立的支架，而且主幹粗壯了，可以堅強的站立起來，讓我欣喜莫名，趕快告訴親愛的老婆：「今年一定可以採樹豆煮湯囉。」她開心的送我一個吻，樹豆看了，都害羞的閉起眼睛，沙沙地笑了起來。

根據我的經驗及上網查詢了解，樹豆的成長很容易，既耐旱又耐貧瘠，農人大多將它們種在田埂或石牆邊，像是田園的點綴作物。到了秋天，一排高高大大的樹豆就會結果，農人整棵砍回家，在廣場上用竹竿打一打，掃起一堆小豆子，就是原住民朋友說的「威而剛」食物了。有了這樣的認知，照顧的心情就變得輕

⊙樹豆的莢果

鬆多了。我幾乎採取放任政策，不再擔心水及營養問題，也從未看到它們的抱怨，如果每種作物都這麼容易照顧，農夫們就可以無為而治了。

樹豆在默默中快速長大，酷暑後長得比我還高了，成為菜園的樹籬。有了這道樹牆，我在其中工作，再也望不見溝旁民眾好奇的眼神，自在又逍遙，菜園成了鬧市中的伊甸園，還沒嚐到它的美味，我已先感謝起它為我築起一個夢般的國度了。

秋風送爽，樹豆枝枒上有了奇妙的變化，彷彿變胖了。直覺告訴我：一定是樹豆要開花了。我的感覺果然成真，綠色的枝枒上不久就綻放出許多黃色的花朵，彷彿節慶時街頭懸掛的燈籠，微風中，它們開心的跳起舞來，彷如一波波黃色的海浪，可愛極了。

植物的成長冥冥中有一道神祕的力量在控制，花落後依序結出果莢，果莢由薄變厚，由軟變硬，經過一個多月，第一批果莢變黃，變褐，成熟了。我看得十分興奮，摘下豆莢，打開，裡面躺著一排略帶米色的豆子，像黃豆般大小，散發著迷人的魅力。我趕緊打電話告訴泰山大人樹豆收成的消息，傳來的是一聲聲恭喜，彷彿種樹豆是一件重大的工程，他們為這個平日舞文弄墨的女婿竟能種出美味的樹豆而開心不已。

⊙像綠籬的樹豆

樹豆的成熟期並不一致，首批收成時，背陽面的還在開花。從此，每天忙完澆水除草工作後，我就拿起小桶子去採樹豆。把變黃的豆莢摘下，每天都可摘半桶，晚上邊泡茶邊剝，聞著樹豆的清香，是一種幸福的享受。半桶豆莢卻只剝出一飯碗豆子，把它們晾在陽台上，只一天，就又縮水變成一粒小小如石頭般堅硬的豆子了。兩個星期的採集曝晒，才得到一小包，想起市場上一包豆子只要一百餘元，就覺得農產品廉價，農夫賺錢真的不易啊。

採了樹豆，當然就要來品嚐它的滋味了。到市場買來豬大骨，和豆子一起燉煮。整個上午屋裡始終迷漫著肉香與豆香，讓我垂涎欲滴，頻頻掀開鍋蓋，試試豆子熟爛了沒。好不容易待到午餐時間，親愛的老婆在湯裡加入切碎的蒜苗和香菜、鹽巴，我迫不及待的舀了一碗，一嚐，果然美味啊！還夾著親自種植的心血香味。我一連喝了兩碗才心滿意足的吃飯。肚子裡整天都是樹豆的香味，那是幸福的滋味啊。

樹豆一連摘了兩個月，收了大約六斤，當然沒忘了分送給泰山大人和舅子們，大家都樂得笑瞇瞇，樹豆成了最佳的親善大使，加深了親人間的感情，真是居功厥偉。我把剩下的樹豆放在冰箱冷藏，嘴饞時才煮一鍋來大快朵頤。我們十分儉省，因為辛苦栽種的收穫並不多，要省吃儉用一年呢。不過也不必擔心，春天我又已播下種子，現在七棵樹豆在菜園的田埂及籬牆邊正欣欣向榮，我滿心期待今年能大豐收，再次享受它的美味。

民間把隨地滋長的生物稱為「油蔴菜籽」，它們是天地間最堅韌的生命，樹豆就是其中之一。它們不奢求主人殷切的照顧和良好的環境，在土地裡默默地茁壯，然後結出一樹營養豐富的果實，賞賜給人們，讓人們健康快樂。種了樹豆，我的心更加開朗，遇到生活的挫折都會想：看看樹豆吧，無視於那些挫折險阻，生命自然就會開花結果，像美味的樹豆湯，豐盈快樂。種樹豆，體會油蔴菜籽的生命力，是飲食之外的收穫，讓生活更有深度的經驗啊。◆

⊙樹豆的莢果

小百科>>樹豆，又名放屁豆，適合熱帶與亞熱帶。耐旱耐瘠，大多種於沙土地、田埂。富含蛋白質、鋅、鐵、維生素B1、B2、E，以及高抗氧化物質。中醫認為有清熱解毒、補中益氣、利尿消食、止血止痢之效。原住民亦之為「食物的威爾鋼」。

美菜小撇步>>容易種植，土地要易排水，不宜太濕。生長期間約一年。

108

蔬菜的花花世界

・紅菜花・豌豆花・茴香菜花
・菜豆花・茄子花・蔥花

種菜有許多快樂的事，除了收穫，欣賞各式各樣蔬菜的花兒也是。

初期種的都是葉菜類，待不到開花就採收了，也就忘了蔬菜會開花，直到種了苦瓜。苦瓜的小黃花在綠色的棚架上像鑽石般閃著耀眼的光

⊙茼蒿菜花

芒，秀秀氣氣的模樣十分令人愛憐。小黃瓜的花兒比苦瓜大一點，雖然它們結出的果實都被果蠅叮壞了，那花兒卻讓我留下了深刻的印象。同樣長著黃色花朵的是澎湖絲瓜，它結出的果實美味可口。看著花兒，就充滿了感謝。

豆類是先開花後結果的，它們的花兒自然就吸引了我的目光。敏豆白色的花兒像純樸的鄉下姑娘，棚架上像是它們工作的農田，到處都是白色的身影，微風拂來搖曳生姿。菜豆紫色的花兒像蝴蝶，整個棚子飛滿了紫色的夢一般，像北海道的薰衣草花園。豌豆的花兒是豆中之后。有兩層花瓣，外層像是粉紅色的蝴蝶羽翼，內層則是深紅色半開的貝殼花瓣，凋落前又轉成了紫色，棚架上紅紅紫紫像節慶懸掛了綵帶，充滿了一片喜氣，讓我和親愛的老婆看得如癡如醉。

比較起來，秋葵的花兒像是個大巨人。黃色的花朵中有深褐色的花蕊，在陽光中洋溢著自信的光彩。胭脂茄紫色的花兒屬高貴一族。它六角形花瓣上有一根黃色的花蕊，凋謝後從花萼裡長出一條紫色的茄子，像穿著高貴的紫色禮服。和胭脂茄相反的是平凡的蕃薯，綻放的花朵像紫色的牽牛花，綠色的葉叢裡一朵朵碩大的花兒分外令人驚豔。

令我意外的是葉菜類。由於大多在尚未開花就採收了，很少見到它們的蹤影。比較常見的是韭菜花。從細長的葉片中央伸出一根長長的旗杆，頂端結著一顆白色花苞。那花苞裂開後又長出十餘朵小花苞，像一束膨鬆的棉絮，引人遐思。裡頭長著黑色被譽為「神奇黑色種子」的韭菜籽。蔥花與韭菜花雷同，只是個頭大一點，花苞打開後有將近五十個小苞，同樣結著黑色小種子，模樣兒像一群疊羅漢的小孩，十分可愛。冬天種了茴香菜，種子掉在田梗上長出了一小棵，等到發現時它已開了一束束黃色星星狀的小花。細細的花梗上長出二十餘朵輻射狀的小花，像黃色的滿天星，隨風搖曳，又像一束迷離的黃色夢幻。紅菜的花朵也同樣令我訝異。紫色的身影，本就是菜園高雅的一族。冬天，在葉柄突然長出許多花苞，我刻意留下它，想看看它的變化。結果它開出了鮮豔的橘色花朵，黃色花蕊伸出長長的小手，在瑟瑟寒風中舞動，為菜園帶來無限暖意。紅菜園成了最美的所在。

美麗的草莓、碩大的木瓜都開著白色的、不起眼的小花，比起茼蒿菜遜色多了。茼蒿菜的花朵像縮小版的向日葵，有趣的是黃色的花瓣上有半圈白色，像旋轉的風車葉片；幾天後白色逐漸轉成黃色，終至與原來的黃色合而為一，這種變化十分奇妙，我看得津津有味，也不禁讚嘆大自然的奧妙。

蔬菜的花花世界，也像琳瑯滿目的植物千姿百態；但不管是平淡無奇，或豔麗多彩，它們都肩負著傳承下一代香火的重責大任，結出美味的果實或種子。《文心雕龍．物色》中說：「歲有其物，物有其容；情以物遷，辭以情發。一葉且或迎意，虫聲有足引心。況清風與明月同夜，白日與春林共朝哉。」萬物各以其容貌展現它們的手姿，我們在品嚐蔬菜之餘，如能抽空欣賞它們的花朵，也是其樂無窮呢。◆

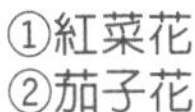

①紅菜花
②茄子花
③豌豆花
④茴香菜花
⑤蔥花
⑥菜豆花

112

一苗難求

種菜年餘，第一次遇見「菜畦皆備，只欠菜苗」的窘境。

酷熱的夏天，眾老圃像豔陽下的人們躲到樹蔭下、冷氣房，紛紛偃旗息鼓，只栽了一些耐旱的作物，如花生、玉黍蜀、絲瓜等，來點綴空曠的

⊙等待菜苗的園畦

菜園。時序輪轉到了九月，清晨有一股涼爽的秋風襲來，老圃們就準備開始大展身手了。像重新開幕的戲院，除草、翻畦、準備菜苗，忙得不亦樂乎。

育苗時，除了在菜畦上，部分種子也播在大型花盆，方便澆水照料；但世事總是難料的。九月中旬，連續幾天大雨，不但淹垮了大高雄，也波及了我的苗圃與育苗箱。本來幾天就會長出可愛菜苗的Q妹，已經一週了，仍文風不動，只看到一株株細細瘦瘦的小苗，我一看就知那是小草；畦上的種子雖覆蓋著一層枯草，卻早已被沖得無影無蹤。我以為是去年的種子無法發芽了，趕緊跑去種子店又買了一包，再種。又連續下了幾天大雨，仍沒有菜苗的影子。我問老闆。老闆無奈的說：「最近落大雨，菜子都泡爛了，你已經是第N個來問我的人了。」原來這幾天，老圃們已紛紛向他抱怨。他嘴上雖說無奈，但仍掩不住一臉笑意，因為他的菜子都賣光啦。

我當然有當年教書勉勵學生「天下無難事，只怕有心人」的精神，又買了種子播下。但這次我絞盡腦汁想了一個法子，一遇到陰雨，就為它們闔上蓋子，以免大雨又破壞我的種菜大計。好友知道我初秋後一連半個多月都在育苗，納悶的問：「怎麼不去苗圃買現成的菜苗？」對菜鳥來說，這的確是個好辦法，但我豈可輕易投降？偏偏要親自育苗。我搖搖手，繼續努力。

我的計畫果然成功了。當外頭大雨傾盆，我的種子仍在蓋子的遮護下冒出了頭，好奇的四下張望。我看得開心極了，差點兒抱起它們親親。沒下雨的日子，就

⊙育苗盆

打開蓋子，讓它們接受陽光的照拂，趕快長大，讓我移植到菜畦裡。有一天，清晨澆水時我忘了打開蓋子，第二天才發現，它們在裡頭變得一片慘白，毫無菜色。我趕緊向它們說抱歉，它們才又恢復綠色的身子。

只是菜苗生長的速度奇慢，十天後，我育的Q妹、茼蒿、甜根菜苗才長出二、三公分高，雖然還小，但我已迫不及待的展開移植工程。那天下午，我向親愛的老婆揮手拜拜，接受她的祝福與加油後，便挑著水到菜園。先在菜苗上澆點水，然後挖洞、埋肥料，用小湯匙挖起菜苗，小心翼翼的種下去，然後一邊念念有詞：「加油，小菜苗！祝你一暝大一寸。」一棵接著一棵，一排接著一排，一畦又一畦，愈種愈起勁，彷彿種下去的都是無價的金銀財寶，千金不易的寶貝呢。種完Q妹種茼蒿，再種甜根菜。從夕陽西下種到華燈初上，在大水溝旁路燈的餘光照射下，我仍勤奮的種著。直到一個甜美的聲音響起：「老公，還在忙啊，明天再種嘛！」既是老婆大人來關心了，我只好擱下菜苗，為它們澆澆水，讓它們在晚上趕快定根喝水，快快長大。

一連兩天，無論晨昏，我都在菜園裡忙碌，連例行的晨間到森林公園散步的工作都暫停了。親愛的老婆向我抗議，因為散步是她最愛的活動。我連忙哄她：「我先種好菜苗，我們在散步時，它們就會快快成長，散步回來就有菜可以吃了。」她聽了我的癡人說夢迷湯，知道我育苗的辛苦與種菜的殷切，只好在菜園旁做做美的體操，為我加油。

菜苗都落了土，我拍拍手，開心的澆著水，默默的祝福。可能是我太急切了，菜苗實在太小，根部發育還不夠堅強，沒幾天，十來棵菜苗就夭折了，有幾棵被蝸牛、草蛭吃得屍骨無存（註）。我一看大事不妙，趕快把剩下的菜苗又補種上。說也奇怪，接連一週，我幾乎每天都要補種，把菜苗全部種完了也不夠，還得到鄰園郭太太那兒要。到最後只剩下育在畦裡的茼蒿，我只好不管畦上種什麼，只要出缺，一律補上茼蒿苗，於是Q妹和甜根菜群裡，雜著一棵棵油麻菜籽一樣的茼蒿，不知情的人以為我喜歡茼蒿，怎知道是菜苗不足的權宜之計？

經過這陣子的折騰與努力，菜園灰褐色的土地上，總算展露出一片盎然綠意了。站在菜園，望著欣欣向榮滋長的菜苗，心中有無限喜悅。忽地一道靈光在我腦中閃現：「育苗也要未雨綢繆啊！」菜園裡有即將採收的小白菜，菠菜再半個月後也可收成，它們的空缺都需要菜苗來遞補。我應該趕快繼續育苗，讓菜園的土地上能夠薪火相傳，讓眾菜們能夠快樂生長，成為一個生氣盎然的小天地啊。於是，我又開始在盆子裡育上了Q妹、縮妹、甜根菜、白菜……。當然，在落雨的日子，也不忘為它們闔上蓋子，讓它們放心的生長，因為它們是如此嬌嫩、珍貴。如果照顧得不好，或是規畫得不準確，就會再度發生一苗難求的窘境，那時候可就要慚愧得鑽進菜畦裡了。

種菜如此，世事何嘗不是？未雨綢繆、殫精竭慮，想盡辦法克服困境，都是再平常不過的道理，卻因這次的一苗難求，讓我對這些哲理有了一番新的體認。書生種菜不只是種菜啊，還有一些生命靈思的啟發。◆

註：

一：秋天白露後，蟋蟀們都會自然死亡，只有蝸牛和草蛭仍然橫行於菜園。

二：葉菜類怕連續大雨。雨水太多會爛根、爛葉，種子也會泡爛無法發芽。

美菜小撇步>>

一、食用根部類的蔬菜採穴播，以免定植時傷及根部影響生長。

二、白菜、空心菜、莧菜等可採散播法。

三、大多數蔬菜皆可採先育苗再定植法。育苗時要用大型花盆。下大雨時可用板子蓋住，以免水分太多而爛根。

117

蔬菜重生實驗

茼蒿　Q妹

為了了解蔬菜重生情形，我決定做個小小的實驗，題目訂為「蔬菜重生實驗」。當然我是從文人角度出發，不像教育學者那麼嚴謹，既要分實驗對照組，還要每天測量溫度、澆水量、施肥量、成長速度等，最後還來個實驗報告。倘若如

⊙剪去主枝留下側芽的茼蒿

此，那麼看倌們就會看到一連串數據和結果分析，十分單調枯燥，沒什麼看頭。

我到菜園裡挑選實驗對象，眾菜們聽說我要做實驗，還可以拍照上報，紛紛自告奮勇參加。我根據蔬菜們的生態，選定了最常見最有潛力的茼蒿和Q妹。主意拿定，就擬訂了實驗步驟：首先在它們成熟時逐一剪下原生主枝，留下側芽，拍照。茼蒿長大後本就有側芽，做起來很容易，只要小心不碰掉嫩芽就好；Q妹就和我預期的不同了，它罕有側芽。我只好剪到主枝底部，靜待它的發芽。

茼蒿的進展十分迅速，剪下主枝後，側芽就開始生長。我為它們鬆鬆泥土，施點有機肥，澆澆水就靜待它的變化。Q妹卻再生得甚慢，整個星期毫無動靜。但造化就是如此神奇，第二週，它們就從主根長出了小小的側芽，彷彿種子發芽後稚嫩的生命，可愛極了。我當然不能怠慢，趕緊為它們施肥澆水，照顧得像個小嬰兒。老友來菜園時，看我割菜後菜園並無重種跡象，問我。我答以正在進行蔬菜重生實驗，他聽後大笑，不敢置信；他哪知我對菜園寫作的用心。他看我實驗態度認真，既拍照又做筆記，有空時也來瞧瞧蔬菜們的生長，竟然也看出興趣來了，有一天對我說：「吔，它們長得可真開心呢。」我笑一笑，我的實驗竟感動了一個數學大師。

⊙長得飛快的側芽

蔬菜們的成長都是一樣的，幼苗時期成長得像烏龜行走，有時一個星期都不見動靜；一旦長到五、六公分時，就十分驚人了，彷彿搖籃曲裡的「一暝大一寸」。茼蒿開始幾天彷彿在冬眠，一週後就瞧見它們的笑容了，不管是一根或兩根側芽，都拼命的往上長，讓我十分驚喜。

一般茼蒿從播種到採收，約莫需要一個半月時間。再生的茼蒿從剪枝到採收卻只要十天，實在迅速得讓我驚嘆。第二次剪收時，怕側芽太多會影響生長，特別剪至底部，只留一芽。稍施點肥，早晚澆些水，一週後又可以再收成了。如此週而復始四次，茼蒿仍然生意盎然，讓我感動不已。

反觀Q妹就沒有如此順利了。它鮮有側芽，我待它由主莖長出側芽，就已耗去了半個月。新芽長得很慢，一週才長四公分，比起茼蒿實在小巫見大巫；我仍然耐心等候。可是長出的新芽並不橫向發展，而是往上抽長，然後長出花苞，開出黃色花朵。我等著第二次品嚐的美夢化為泡影，Q妹再生實驗進入尾聲，我準備寫結論。

植物的生命力十分強勁，但再生能力有別。有的蓬勃，有的微弱，有的甚至難以為繼。茼蒿植株雖然脆弱，容易斷折，但再生能力超強，只要季節適合，它仍然可以不斷長出漂亮的下一代，讓我

⊙長出側芽的Q妹

⊙Q妹開花了

大快朵頤，實在令人喜愛。經過這一次簡單的再生實驗，我深切的了解：萬物殊異，面對艱困環境，各有不同的生命力，人啊，是否有像茼蒿九命怪貓似的強韌生命呢？◆

小百科>>茼蒿，是臺灣小吃蚵仔煎的重要食材之一，亦常用於火鍋。富含蛋白質、脂肪、醣類、維生素B1、礦物質、鈣、鐵等，適合兒童和貧血患者食用。

美菜小撇步>>有側芽的蔬菜皆可採用，但側芽不宜留太多，可適當剪除，發育才會良好。

121

蕃茄情人味

秋高氣爽的季節裡，菜園舞台上各色蔬菜爭相上場，熱鬧非凡，我像辛勤的蜜蜂，忙得開心極了。

愛吃蕃茄的老婆早早就撒嬌的叮嚀我：「要記得種蕃茄喔！」既是老婆大人的吩咐，我當然謹記在心，九月底就到店裡買了蕃茄種子，老闆

⊙可愛又美味的蕃茄

⊙可愛的蕃茄花

說：「十月再種比較好。」選了國慶日普天同慶那天播下種子，讓一開始就有了好兆頭。我同時也挖了一塊土質不錯的地，立好棚架，準備迎接蕃茄大駕光臨。

可是蕃茄育苗很慢，雖有國慶日全國民眾的加持，但它卻像古代皇室公主千呼萬喚，半個月才長了五公分。我實在耐不住了，立即把它們定植到園裡。我實施精兵政策，挖了六個穴，種了八棵苗，有兩個穴是雙人組，讓它們卿卿我我一番，實驗看看是否會長多一點蕃茄。

蕃茄定根之後生長速度稍快了些，但仍像蝸牛般。我施了肥，每天澆水，它們也不感動，仍慢悠悠的長著。我看著它們文風不動的模樣，半個月後也就淡忘它們了。覺得要它們長出蕃茄，可能要待到明年了，我還是忙其他的葉菜類比較有成就感。

就這樣，我幾乎無視它們的存在了。親愛的老婆有時問我：「有蕃茄可摘了嗎？」我總是唱那首〈蝸牛與黃鸝鳥〉給它聽：「等我爬上牆頭，蕃茄就成熟了。」蕃茄開花那天，我驚喜莫名。只見綠叢中閃著幾朵鮮豔的黃色身影，定睛一看，是蕃茄開花了吔！我仔細看著它們，毛茸茸的花柄上有一叢約

五、六朵花兒。黃色的花瓣中露出一根長長的花蕊，模樣兒真好笑，比起詩情畫意的豌豆花真有天壤之別；但會結果的就是好花，我也就不忍苛責了，趕緊祝福它們快快結果。

花落後蒂頭果然出現了一個個小蕃茄，我喜出望外，趕緊請親愛的老婆來參觀。她頻頻為蕃茄加油，問我多久可摘來吃。我說這種大蕃茄，依它們生長的速度，說不定需要半年才會成熟呢。親愛的老婆半信半疑的瞧著我，我立刻更正：「我會請它們長快一點，女主人等不及啦！」她聽了才眉開眼笑。可是蕃茄的成長並不順利。先長出的幾顆蕃茄竟然裂開了，像嬰兒的小屁屁，我拍照後只好失望的摘下它們。幸好其它的不再有裂果現象，我就放下了心。看著蕃茄一顆顆的結出，慢慢地長大，從鵪鶉蛋大小到乒乓球，到雞蛋般，倏忽間又過了一個月，親愛的老婆還沒嚐到蕃茄。

十二月寒流頻頻造訪，太陽也關了門窗，蕃茄的成長似乎停止了。有一天，我忽然發現兩顆顏色異常的蕃茄，本以為它們要早熟了，一摸，竟然由底下爛了。我大驚失色，趕緊摘掉。跑到住家附近的圖書館借來蕃茄書查看。這才知道種蕃茄大不易，不僅病蟲害多，而且對土質、肥料與排水都很挑剔。我這樣「想當然耳」的自然種法，完全是「瞎貓碰死老鼠」，想要有收穫，真要有點運氣呢。書中介紹了許多病蟲害防治法，都需要借助農藥，我當然敬謝不敏。我仔細研究爛果及裂果原因，與氣溫太低和澆水太多有關，於是斟量減少水分，果然就不再有爛果現象了。

為了讓蕃茄種植更順利，我又借了在日本很有名氣的藤田智的《陽台花盆種蔬菜》來進修。他建議要將蕃茄側芽剪除，才不會因枝蔓太多而養分不足，影響果實成長。於是我又趕緊將八棵蕃茄的側芽全數摘掉，它們果然長得快多了；摘下的側芽散發著一股濃郁的迷人香氣，我簡直陶醉了。融合了這些老圃們的經驗，蕃茄不但看起來清爽多了，苗株與果實也都有了明顯的成長。由於蕃茄不像敏豆會爬竿，我又要定時把它們綁在棚架上，一串串蕃茄也隨著往上長，纍纍的果實好像一顆顆晶瑩的翡翠。為了怕蕃茄太多使果粒變小，我還要疏果，將每串蕃茄控制在三、四粒。兩排努力成長的蕃茄洋溢著欣欣向榮的景象，成了菜園最有制度與管理的園地，我真有說不出的滿足與快樂。更有趣的是我竟然愛上了蕃茄，三兩天就為它們拍照，左一張右一張，仰拍一張，轉身又一張，全體合照又一張。它們成了菜園模特兒的林志玲，留下了許多漂亮照片，不知其它蔬菜看了會不會吃醋？

蕃茄愈來愈大，即將成熟了。親愛的老婆已經磨刀霍霍，準備好食譜，要大快朵頤一番囉。她計畫先來一盤最原味的客家蕃茄切盤，沾上獨門的味噌與薑泥調合的醬汁，想到那酸酸甜甜的滋味，就不禁令人垂涎三尺。接著她要做一盤蕃茄炒蛋，還要煮蕃茄火鍋……。

蕃茄成熟了！依照親愛的老婆擬好的菜單，我們一道道品嚐著。親手栽種的美味蕃茄令人感觸特別深刻，那酸酸甜甜的滋味勾起了我們年少時戀愛的往事：那年在台東市的尋夢園冰果室，兩個情投意合的戀人就是嚐著這道蕃茄切盤，互許終生。而今三十餘載歲月悠然而逝，像〈閃亮的日子〉歌曲裡所唱的：「你我為了理想，歷盡了艱苦，我們曾經哭泣也曾共同歡笑！」如今苦盡甘來，仍能保有年輕時的熱情與夢想，深愛著對方，多麼不易啊！與親愛的老婆在燈下回想起那段遙遠的歲月，眼眶不禁一陣溼熱。

種蕃茄，嚐蕃茄，想起湮逝的歲月，那滋味，酸酸甜甜，是情人愛的滋味啊！◆

⊙可愛的蕃茄寶寶

⊙生機盎然的蕃茄株與果實

小百科>>番茄，多年生草本植物。品種衆多，有櫻桃小番茄，直徑十幾公分的大番茄。果實多為紅色，也有黃、橙、粉紅、紫色、綠色甚至白色，以及帶彩色條紋的番茄。營養豐富，含有糖、有機酸、維生素等。歐美有一句俗諺：「蕃茄紅了，醫師的臉綠了！」可見一斑。抗氧化物茄紅素，能有效預防前列腺癌。一些研究人員還從番茄中提煉出物質治療高血壓。

美菜小撇步>>水分要適當；太多則易裂果與爛果。成長時要剪去側芽，才不會影響結果。

126

草莓飄香

草莓

秋末到郊外踏青，「觀光草莓園」的旗幟在公路兩旁迎風招展，紅豔的草莓在綠叢中向人們招手。親愛的老婆看著草莓園，嬌滴滴的說：「老公，你來種草莓好不好？我好想吃你種的草莓喔。」既是老婆大人夢寐以求的事，我焉有不種的道理。

⊙紅豔的草莓

我先上網做了一番功課，知道草莓很嬌貴，喜涼爽潮溼但又怕積水。於是我在網室清出一塊土地，做成一條條田畦，埋好有機肥，等著草莓大駕光臨。可是打哪兒買苗？種子店老闆說：「去向草莓園要；或者挖草莓長出的小苗。」我在市區的種苗店一一尋覓，都無功而返。正在煩惱時，遇到一位好友，說他種了幾棵草莓，我立即請他挖些幼苗。一個星期後幸運的得到了七、八棵，彷彿剛誕生的小嬰兒。我怕它們無法存活，於是先集中育苗，照顧得無微不至。它們果然被我的誠心感動，個個都活了過來。待葉子變成深綠色，像小湯匙般時，我就實施定植工作。種好了草莓，請親愛的老婆到菜園裡參觀，她說了許多祝福草莓快快長大的好話，接下來就是我任重道遠的時刻了。我早晚都要為它們澆水，鋒面來時，要特別壓好網室的紗網，以免狂風吹亂網子，打壞嫩苗。寒流來時，我還要在迎風面鋪一層稻草擋風，以免它們受凍而一命嗚呼。草莓有知，一定會感恩，快速生長吧。

可惜我的努力並沒得到相對的回報。草莓和許多冬眠動物一樣，躺在我為它們準備的舒適的網室裡，整整一個月都沒長大的跡象，親愛的老婆常問我：「草莓結果了嗎？」我都搖搖頭。她問了幾次後，也似乎忘了我有種草莓這檔事了。

草莓開始生長已是春節後的事了。葉子一片片的拔地而起，然後向上發展，愈來愈多愈大，像一團綠色的葉叢，我重又燃起了希望，澆水施肥，一點都不敢怠慢。這時郊外的草莓園大多已採收完畢，鮮豔的旗子或褪色，或傾倒，我的草莓才開始成長哪，想起來就有點不好意思。好友問我草莓結果情形如何，我答以正在成長，他瞪大眼睛說：「我種的草莓都已結果吃完了。」親愛的老婆倒很樂觀的說：「我們的草莓是慢工出細活。」也罷，既然有了生機，總是會有收成的一天。主意拿定，就心無旁騖的努力照顧吧。

春神悄悄地來了。發現草莓開花，讓我驚喜莫名，趕緊向親愛的老婆報告。看起來一點都不起眼的白色小花，卻隱藏了一顆顆紅豔的果實，我開始陷入殷切的期待中，每天都希望花朵凋落，快快結出可愛的果實。為了迎接嬌貴的草莓，我在畦上鋪了一層乾草，以免果實接觸泥土而腐爛。乾草彷彿是草莓的彈簧床，準備讓嬌嫩的公主休息。天地造物就是這麼奇妙，草莓就依著上蒼安排好的步驟，長出一串花序，結出一顆顆小果實。我也不得閒，實施嚴格品管，只要是變形的一律淘汰，太密的就疏果，務必長出品質最好的草莓。好友告訴我，小鳥喜歡吃草莓，成熟時可得小心牠們會來搶食。望著每天在菜園裡逡巡的麻雀與斑鳩，我趕緊把網子罩好，以免牠們捷足先登，讓我白費苦心。

期待的日子是漫長的，但觀察卻是快樂的。以前吃草莓，只知道它紅豔欲滴，卻不知它嬰兒時是白的，毫不出色；青年時期轉成了粉紅，身上的種子卻是深紅的，好像雀斑，十分有趣；待果肉轉紅時，兩者就融合在一起了。看著它的成長，彷彿回到初為人父時照顧孩子般，令人感觸良多。

約莫半個月後，第一顆草莓成熟了。我用相機拍下了歷史鏡頭，小心翼翼的摘下，回家後神祕兮兮的請親愛的老婆閉上眼睛，讓她聞一聞，她好像中了樂透般驚喜的說：「是草莓！」她把草莓切開，一人一半。分享著香氣濃郁、甜中帶點微酸的草莓，我們都陶醉了；尤其是我，長達三個多月的種植，辛苦總算有了收穫；雖然兩者是絕對的不成比例。

觀光果園裡的草莓是一盒一盒的採收，我的草莓卻是幾天才成熟一顆；但嚐著香濃味美的草莓，心裡卻彷彿享受了草莓大餐般的快樂。當然，我的

⊙草莓花

⊙飄香的草莓令人喜愛

⊙草莓苗

草莓夢隨著草莓們的紛紛結果而益形豐富起來。有時兩顆三顆，甚至多達四、五顆。我們品嚐著草莓，既興奮又感恩。

時序已進入暮春，郊外的草莓園已改種了其他作物，我菜園裡的草莓才剛要施展身手，結出纍纍的果實。其實這也無妨，萬物雖有其成長的時間，但只要它長得欣欣向榮，我們也樂在其中。草莓是菜園的嬌客，最美麗的作物。綠色的菜園裡，它們的倩影雖稀疏，卻彷彿千軍萬馬，飄散著濃郁的香氣，讓我陶醉，讓我戀戀難忘啊！◆

小百科>>草莓，果實是由花托發育而成，屬假果；表面的衆多小點才是果實。營養價値高，含豐富維他命C，比蘋果、葡萄含量還高，有幫助消化的功效。果肉中含有大量的糖類、蛋白質、有機酸、果膠等營養物質。中醫認為其味甘、性涼，具有止咳清熱、利咽生津、健脾胃、滋養補血等功效。

美菜小撇步>>畦要稍高易排水。開花結果前要剪除腋芽及走莖蔓，結果完畢再讓它生長，可挖取第二株以後的新芽來繁殖。草莓初冬後盛產，收成期可長達半年，每株可收成兩年，只要照顧得宜，經常都有果實可食用。

131

木瓜物語

木瓜

從來沒看過個頭這麼高大的木瓜樹，卻偏偏被我種上了。

闢園初期，木瓜也是種植的首選，一則是它像油麻菜籽不必勞神費力照顧，另一則也可以當作界標。為了慎重，我並未像一般人隨意把吃過的木瓜子拿來育種，特地開車到

⊙結實纍纍的木瓜

離家五、六公里遠的果苗園買了三棵苗，選了良辰吉地舉行動土典禮，把它們種了下去，從此開始了木瓜的成長歲月。

可是木瓜的成長列車開得並不順利。菜園雜草甚多，木瓜苗還沒草長，加以我尚未熟稔菜園地形，第二天清晨澆水時在迷糊中不慎踩到了一棵，望著倒在地上的瓜苗，我一勁兒道歉，趕緊把它扶起，它哪得起我這一踩，早就斷成兩截香消玉殞了。我呆立在一旁，恍神了許久。對另外兩棵也就格外小心，我在樹旁插了一圈樹枝，以免又慘遭我的「毒腳」。為了讓它們有肥沃的土壤，我又找了許多堆肥和附近狗狗們的「黃金」，一古腦全埋在它們旁邊，心想它們長出新根後吸收到這豐富的營養，一定是一暝大一寸，沒多久我們就有木瓜可享受了。想到這兒，像是吃了孫悟空摘的人蔘果，心裡樂飄飄的。

不知是誰說的：「希望愈大，失望也往往愈大。」我的算盤打得太如意了。整整一個月，木瓜樹像冬眠一樣，文風不動。老圃們診斷的結果，認為可能是被肥料所傷，要我勤澆水，也許會突然轉骨，突飛猛長。我只好把它們死馬當活馬醫，不敢再埋肥料了，每天只努力澆水。也許是我的誠心與耐心感動了它們，兩棵木瓜樹比賽似的開始向上竄長，而且速度驚人。兩個月後已比我高了，我看了玉樹臨風般的木瓜樹，真是龍心大悅，真想寫一首詩來讚美它們。

⊙彷彿雙胞胎的木瓜樹

隔壁的郭太太也種了一排木瓜，長到半個人高時就開花結果了。我的木瓜樹不斷往天空長，一公尺、兩公尺，可連一朵花也沒有。有一天我正看著長得像姚明一樣高的木瓜樹而高興時，忽然瞥見坡坎旁鄰園結實纍纍的木瓜樹，才猛然起：「我的木瓜怎不會開花結果？」即使是公木瓜也會開花呀。我這一發現，才想起事態嚴重，難道我的木瓜又要重蹈南瓜不會結果的覆轍？望著高聳的木瓜樹，我心中七上八下，來訪的老圃們都疑惑的說：「你的木瓜怎麼長得那麼高還不開花？」我只好陪著笑臉說：「可能是大器晚成吧！」

到了仲夏，木瓜已種了半年多，仍然沒有開花的跡象，我也不再抱以任何希望了。工作累了，在木瓜樹蔭下休息，喝喝水，木瓜成了園中的涼亭，我的好朋友了。直到初秋時，有一天發現地上掉了幾朵小白花，仰頭一望，竟然是一棵木瓜樹開花了，我像觸電般開心的跳起來，跑回去告訴親愛的老婆這個好消息。她笑著說：「我就說嘛，種菜要有耐心，慢工才會長出好木瓜呀！」既然開了花，當然就有結果的希望。我細心等待。果然沒多久，長出了一個個嫩綠的小木瓜，像嬰兒般可愛。可惜它們長在兩公尺高的樹上，不然我一定會送給它們一個熱吻。

木瓜的成長又給我同樣的意外。它們像冬眠了一樣，小木瓜就是不長大，看得我實在心焦不已。木瓜花愈開愈多，果實像葡萄一樣長成一大串，算一算已有二、三十顆了，我看得目瞪口呆。奇怪的是，兩棵相鄰的木瓜樹，竟然只有一棵開花結果，另一棵沒有任何動靜。為了讓高聳的木瓜獲得充分的營養，我經過一番長考，決定壯士斷腕，掄起鋤頭鋤斷了它。望著倒在地上的木瓜樹，我突然傷感起來：木瓜樹努力了八個月，長成了兩公尺高的大樹，我竟然只兩三鋤就結束了它的生命。我含著歉意的告訴它：物競天擇嘛，可別埋怨。

碩果僅存的木瓜樹似乎知道了自己的命運，唯有努力結果才有生存的希望，從此脫胎換骨，果實日益碩大，看得我心花怒放，每天都在計算品嚐木瓜的佳期。到了年底，終於有一顆小木瓜成熟了，我慎重的請來了親愛的老婆舉行了採收典禮。可是我個子不夠高，搬來了一個大石頭，站在上頭墊著腳尖才摘了下來，眾菜們都熱烈鼓掌歡呼。我和親愛的老婆凱旋而歸，把它放在餐桌上，雖然它才只有市場上的黃瓜般大，但我們已幾乎感激得涕泗縱橫了。三天後木瓜變軟，把它切開，紅色的果肉，香甜的滋味，我們都豎起了大拇指。

木瓜似乎也在吊我們胃口。儘管我每天望呀望，就是望不到第二顆成熟，看得我口水直流。一直到了虎年正月底，木瓜才陸續成熟，我等到八、九分熟了才摘下它們，這次每顆都有一台斤重。熟透後的木瓜無論香味與甜味都屬極品，一顆木瓜不久就被我們一掃而光。從此，木瓜成了我們最喜歡的水果，整整兩個月，餐桌上幾乎都有它的身影。當然也會送些給親朋好友，他們也頻頻讚美，我們自然也與有榮焉，開心得不得了。

現在，木瓜樹已將近四公尺高，愈來愈不易摘：從開始墊個大石頭就可摘到，接下來是矮凳子，然後再墊石頭，再來是圓凳子，再墊石頭、再加矮凳子，然後我再怎樣揮手，都已摘不到它們；我想應該搬來家中的長梯子，才有辦法摘囉。想起小時候常聽到的情歌「採檳榔」：「高高的樹上採檳榔，誰先爬上誰先採呀……」我要改成：「高高的樹上摘木瓜，摘了木瓜嚐美味呀。」

雖然從栽種到收成耗時將近一年，但品嚐著香甜的木瓜，一切辛苦都煙消雲散了。何況這棵木瓜樹長得特別高大，無虞宵小們的光顧，最重要的是它們還繼續結著

⊙哇！好高的木瓜樹

果，而且葉子特別油亮，沒有得到木瓜毒素病的跡象（註），我還有一段漫長的木瓜歲月可以享受呢。

老子曰：「大方無隅，大器晚成，大音希聲，大象無形。」（《道德經》四一）即使是聖賢來評鑑我的木瓜樹，應該也會點頭說：「當之無愧。」種木瓜，體會聖人的哲語：準備得愈充分，生命的爆發力和持續力也愈大。收穫實在是不少哇。◆

註：木瓜毒素病原名輪點病，被稱為木瓜樹的癌症。病狀為新葉變黃，呈現明顯斑駁、嵌紋，生長受阻，不易開花結果。得病後尚無藥可根治，必須立即砍除。

小百科>>木瓜樹，多年生果樹。果實形狀有長形、圓形。富含β胡蘿蔔素、維生素A、B、C、鈣、鉀、鐵、抗氧化物及木瓜酵素等，能幫助蛋白質、脂肪及澱粉的消化。青木瓜可加花生、排骨煮湯；黃熟後可生食。是良好的食療果品，有健脾胃、助消化、通便、清暑解渴、解酒毒、降血壓、解毒消腫、通乳等功效。用生木瓜擦臉亦可美容。

美菜小撇步>>樹高可達三、四公尺，要有適當株距。少量種植可採收一至兩年；若發現葉子有明顯斑點或介殼蟲害要趕快處理或砍除，半年或一年後再種植。

138

鳳梨

鳳梨花開旺旺來

自小就在植滿甘蔗、樹薯與鳳梨的鄉間打滾，當妻說想品嚐自栽的鳳梨時，我一口就答應了。反正菜園土地貧瘠又乾旱，最適合種鳳梨了。

但時移世異，早期有「鳳梨王國」美譽的台東，因市場萎縮及經濟效益不高，親友早已改種釋迦或其他作物，

⊙由釘目上開出圓筒狀的花朵

到哪兒拿鳳梨苗？妻靈機一動：「欸，可以拿鳳梨攤販削下來的尾部來種啊。」說得也是，尾芽的生長雖不如側芽來得快速，卻是既可以確保品質而且快速取得種苗的方法。於是我騎著腳踏車，不費吹灰之力就載回了一大箱鳳梨尾。把菜園盡頭的雜草挖除後，整理出一畦菜圃，不敢種太多，只種了十來棵，因為我怕種鳳梨曠時費日，還沒結出果實，菜園就得拱手還給市公所。

鳳梨所需照顧不多，只要定期除草或施肥，連澆水都可省的。種好了鳳梨，彷彿已完成了一件工作，只等著它開花結果了。我的算盤打得很好，腦中盡是一年後碩大可口的鳳梨。鳳梨也的確沒讓我失望，不久就生根，慢慢地長出新葉，我只偶爾為它拔點草，撒點有機肥，不必擔心缺水，也不虞病蟲害，它的身體尖而多刺，常到菜園搞破壞的貓啊狗哇對它們也沒興趣，它真是菜園裡最令我放心的作物了。所以後來又挑了一小塊地種了九棵，就讓它們來一場成長競賽吧。

春去秋來，酷暑、颱風聲中，鳳梨都默默地成長著，從來也沒給我出過什麼問題，有時我都忘了有鳳梨這回事，等到來訪的老圃問我：「咦，你種鳳梨啊！」或者學生問我：「這麼多刺的東西是什麼？是玫瑰嗎？」我才又猛然想起菜園裡有鳳梨，笑一笑：「是金鑽鳳梨呢。」

聽說鳳梨種一年即可結果。我滿心期待，像望著罐子渴求一粒糖球的小孩。可是滿週年時，我瞧著欣欣向榮的鳳梨株，卻一點動靜也沒有。我猜想是肥料與水分不足。鳳梨雖耐旱，農家卻也不敢怠慢，頻頻施肥噴水，哪像我採用自然生長法，一點都不關心，怎可能會準時結果？想到這兒，內心不禁一陣慚愧，趕緊找來肥料，挖開鳳梨旁的泥土。喝！像石頭般堅硬，我的愧疚更深了，如此缺肥缺水的鳳梨，沒枯死已是萬幸，我怎還能苛求它結果？一陣補償性照顧後，鳳梨圃又恢復了平靜。

春節後，老圃來訪。他像好奇寶寶，到處巡視，忽然驚叫了起來：「你的鳳梨媳婦熬成婆，結果囉！」我立即跑過去，看到鳳梨株心一片通紅，長出了一顆顆小小的果實，每天在菜園轉來轉去的我竟然無視於鳳梨這麼奇妙的變化。鳳梨寶寶全身長著尖利的刺，像全副武裝的戰士，多麼可愛又可怕啊！算算自從前年七月栽種到今年三月結果，一晃眼已經一年八個月，多麼漫長的等待啊！我開心得立即又賞它們一大把有機肥，破例地提了幾桶水把它們澆個溼透，夢裡它們長得像籃球般，而且個個甜如蜜。當然，我也沒閒著，幾天就為它們拍照一回。有一天透過鏡頭，我竟然發現鳳梨目上長出了一支支圓筒狀的紫色花朵，我揉揉眼睛，湊進鳳梨仔細端詳，真的吔！鳳梨會開花哪！我趕快把親愛的老婆請到菜園來欣賞。這一發現，讓我大開眼界。從兒童到青年看過無數鳳梨，從來都沒想到鳳梨會開花，真讓我驚喜莫名啊！看著鳳梨花謝，脫去粉白的嬰兒服，換上有釘目的鳳梨裝，身體也由紅轉綠，成為我熟悉的鳳梨了。

鳳梨由乒乓球般，變成雞蛋、鵝蛋大小，再經過梅雨季的滋潤和我的勤加照料，它們變成了飯碗般。我怕豔陽晒傷果實，特地用葉子為它們搭了一個小帳棚，它們就躲在裡頭，從葉縫裡偷偷地瞧著我，十分可愛。

鳳梨的成長十分緩慢，磨出了我的耐心，梅雨季後酷暑來臨，鳳梨長成了手球般，六月中旬，臉蛋也由綠慢慢轉成黃色，「鳳梨成熟了！」我大聲歡呼。摘鳳梨那天，我特地請親愛的老婆來觀禮。我本以為需要很用力摘，沒想到只輕輕一扭，鳳梨就離開了家，成為我們的收穫了。晚上，我們品嚐著鳳梨，那滋味真是香甜無比，頻頻發出嘖嘖的讚美聲就是最好的證明，一個鳳梨，轉瞬間就進了我們的五臟廟。

①新栽的鳳梨苗　②可愛的鳳梨果　③綁起葉子保護鳳梨果　④鳳梨成熟了

吃完鳳梨，意猶未盡的老婆說：「老公，鳳梨真好吃，再種吧！」我想起由栽種到成熟需要漫長的兩年，卻只幾分鐘就享用完畢，不知如何回答。老婆又說了：「鳳梨種得愈多就會愈旺喔！」不錯，鳳梨花開旺旺來！既然老婆這麼開心；那麼，就再種吧！◆

小百科>>鳳梨，又名菠蘿，臺灣喜稱之為旺來，取其「興旺立來」之意。為熱帶水果，曾與蔗糖並列為國內農產品之首。可生食或熟食。富含鳳梨酵素及維他命B1、B2、C、鐵、鈣、磷等多種礦物質。但胃潰瘍患者及空腹時不宜食用。

美菜小撇步>>少量種植時病蟲害不多，耐旱，不宜太濕，日照要充足。種植時間頗長，首次收成後可再留側芽繼續生長兩年，可連續收成。

142

甘蔗的甜蜜歲月

甘蔗

對四、五〇年代出生的人來說，甘蔗是生活中甜蜜的泉源，最受歡迎的好朋友。

鄉下種滿了製糖甘蔗，像一片高聳的綠色海洋。大人平日工作回來，都不忘為子女砍根甘蔗，讓盼望糖果餅乾又無法如願的子女解

⊙生機盎然的甘蔗

饞。收穫時節，載甘蔗的小火車旁總聚集了許多小孩，牛車載來山一般高的甘蔗，大人將成捆的甘蔗往車廂上丟，地上總有掉落的甘蔗，彷彿是上蒼賜下的禮物，大夥兒顧不得主人及火車人員的吆喝，搶了一根就跑得遠遠的去啃，吃得滿嘴灰灰黏黏的，笑起來像小丑。離開鄉下住到都市，吃不到免費的白甘蔗，改吃物美價廉的紅甘蔗。巷子裡經常會看到在拍賣甘蔗的農夫，他站在牛車上，拿起一根長長的甘蔗，大聲喊著：「五毛！」父親有時會買個一兩根，我如獲至寶，回到家趕緊拿起菜刀，坐在門前埋首削起來，和弟妹們分享那甜甜的滋味。母親知道孩子們喜歡吃甘蔗，有一次在路旁的空地種了兩排。我開心極了，每天到甘蔗園旁盯著看，看它們從我腳旁開始冒出頭來，然後長到我膝蓋，高過頭部。一根根紅紅的甘蔗吸引了許多小孩和路人。但路旁的甘蔗人見人愛，還沒完全成熟，就已所剩無幾。「夭壽喔，又不是他們種的，怎麼一根根把它拔走。」母親叨著念。我也沒吃到幾根，甘蔗就沒了。從此母親就沒再種過甘蔗，倒是我長大後經常買甘蔗吃，甜滋滋的甘蔗成了忙碌生活的點綴與回憶童年的泉源。

早就動起種甘蔗的念頭，但蔗尾要到郊外的田裡才有。為了幾根甘蔗專程在收穫季節耗費幾個小時去向蔗農要，總是提不起勁。六月，鄉下的高中邀我去為學生上幾週新詩課，路上有蔗農擺的攤子。購買甘蔗時請老闆為我砍幾根蔗尾，她慷慨的答應了。就這樣，我買了三個星期的甘蔗，要來了十餘截蔗尾，展開種植甘蔗的歲月。

依蔗農的指示，先將甘蔗泡水一晝夜，然後掘土、放入堆肥，將蔗尾像火車箱一樣，一截一截排起來，覆土，澆水，大功告成。

蔗苗一週後就冒出了頭，細細小小的身軀在晨曦下像翡翠般閃亮，彷如綠色的珍寶，我拍下了它們誕生時的喜悅，看著甘蔗的成長成了我重溫童年歲月最大的享受。豔陽下它們像饑渴的雛鳥，每天望著我為它們帶來甘露；我也沒讓它們失望，幾乎天天為它們澆水，其他蔬菜們一定會吃醋，尤其是鳳梨，因為它們罕有這麼好的照顧啊。勤於澆水換來甘蔗們的努力生長，它們像吹氣似的長大，細細瘦瘦的身子一直往上竄長，半個月後就有半個人高了。

甘蔗的成長快速，一天一個高度。一個人高以後開始橫向發展，胖胖的甘蔗節出現了。雖只短短一節，我可是開心了半天，告訴親愛的老婆，快要有甘蔗吃了。她懷疑的說：「哪有這麼快，至少要半年吧！」我一想，說得也是，趕緊上網查資料。這一查才知道甘蔗生長期從一年到一年半不等，視栽種季節而定。我立即像洩了氣的皮球，喔，老天，我還以為只要種一季就可大快朵頤了。到了菜園，望著甘蔗，我突然失去了熱度，很難想像吃一根甘蔗還需要漫漫一年的時光。但既已種之，就像過河卒子，只能努力照顧囉，難道要廢棄不成！

⊙可愛的蔗苗

隨著甘蔗的生長，我也多了一項剝蔗葉的工作。剝掉老葉，可促進蔗園通風，讓甘蔗順利成長。我剝得很起勁，幾乎每天都在尋找可剝的蔗葉，巴不得每天剝下幾片，讓它們快快長大。剛剝下蔗葉的蔗節有的是粉紅色的，早剝的還有點黃綠，像嬰兒嫩嫩的皮膚，可愛極了。過了幾天它們就轉成暗紅色，像一般甘蔗的外皮，真有趣。當我發現嫩嫩的蔗皮會引起鍋牛的覬覦，趁夜晚出來啃食，光滑的皮膚像小刀刮過一般，十分可憐，我趕緊煞車，不能太早剝，任何事都要選擇適當時機，不然就會是「愛之適足以害之」了。剝去老葉的甘蔗展現了修長的身體，玉樹臨風般，微風一吹，沙沙作響，彷彿在開心的歌唱，又像在舞蹈，它們成了菜園裡的小森林，有點沙啞的風鈴，是一處獨特的風景。

甘蔗的成長第一次遇到挫折是十月初的一場狂風豪雨，由於芭瑪颱風的共伴效應，台東連日豪大雨，加上強烈的東北季風，蔗田變得鬆軟，強風一吹，修長的甘蔗仆伏倒地。我望著蔗園苦笑。乘著次日雨停時趕緊準備了粗竹子和鐵絲實施搶救工程。在一排甘蔗兩端斜斜打入竹子，綁上竹竿，將甘蔗扶起，用鐵絲捆在竹子上。我好像甘蔗的父母，不斷鼓勵它們：「加油！人生哪會一路風平浪靜？遇到挫折就要更加勇敢。」但我可不敢說：「跌倒了，就要自

⊙倒伏的甘蔗

已爬起來！」這可會強甘蔗所難呢。由於泥土尚鬆軟，甘蔗輕而易舉就扶起來了；可是蔗葉葉緣卻有鋒利的鋸齒，把我的手腕割得傷痕纍纍。初時我因為太過專注搶救工作而未曾注意，等到兩個小時後工作完畢，才發現只靠輕便雨衣遮擋的手肘，早已紅通通一片，還有一絲絲血跡，手肘熱熱麻麻的，但看到原來仆伏在地上的甘蔗又重新站立起來，心中一片欣喜，只要甘蔗重獲生機，我一點皮肉傷又算什麼！

費了九牛二虎之力，穿著輕便雨衣，在微雨中賣力工作了兩個小時，總算把蔗園恢復原狀，我拍拍手，取來相機為它們拍照，做為它們成長最好的見證。蔗園經過這次風雨的磨練，有了堅固的支柱，再也不怕下一次的風雨了。人要愈挫愈勇，甘蔗何嚐不是！為了讓受傷的甘蔗順利再生，次日我又挖了三桶泥土，覆蓋在半裸露的根部上，用力踩一踩，甘蔗的成長邁向嶄新的旅程。

這次倒伏事件幸好並未讓它們的成長頓挫，只是稍微有點彎曲。我每天剝著蔗葉，表示它們就一寸寸的長大，愈來愈有紅甘蔗的手采了。來訪的老圃看著甘蔗，都紛紛讚美它們盎然的生機。我的欣喜自不在話下。

但這份欣喜隨著冬季頻繁的東北季風慢慢的消逝了。由於菜園地勢稍高，沒有任何遮攔，三天兩頭的遒勁季風中，甘蔗雖有竹架支撐，但仍劇烈的搖晃，將我綁得緊緊的繩子搖鬆，甘蔗們幾乎都擠向西側，愈來愈高的甘蔗壓垮了部分細瘦的竹架，又重演了仆伏的畫面。我一次又一次的重綁，經常被蔗葉銳利的鋸齒劃傷，這才深深了解蔗農們的辛苦，當初以為甘蔗易種，不料要讓它們長得亭亭玉立，竟是如此大不易啊。

冬去春來，季風停止，蔗株已超過二公尺，雖不像埔里甘蔗那般修長俊俏，可也算是不賴。禁不住好奇，砍了一根來試吃，甜度還不甚理想，但那美好香甜的滋味卻緩緩流入心裡，勾起漫長種植的回

憶，以及童稚時嚐甘蔗的快樂。再假以一段時日，所有的辛苦會化成甜蜜的糖分，在甘蔗紅豔的身體裡熠熠發光。◆

⊙成長中的甘蔗

⊙釘上竹樁扶起後的甘蔗

小百科>>甘蔗，富含各種糖類、維生素B1、B2、B6、C，含鐵量為水果之冠。

美菜小撇步>>喜陽光充足、雨量充沛，生長期需大量的水，成熟期水分不可太多。成長期需要一年。長成一人高時要立竹竿固定，以免風大時傾倒，影響生長及外觀。

148

水啊，水

今年台東嚴重缺水。從年初到五月落沒幾滴雨，連梅雨季幾乎天天都是晴空萬里。昔日上班的歲月，雨和我幾乎是兩條平行線；如今有了一小塊菜園，雨成了我最親蜜的伴侶，最渴盼的情人了。

菜園位於市區大排旁，

⊙因乾旱而低垂著頭的植物

雖有潺潺流水，但我哪敢用那飄著臭味的汙水來澆菜。就像大海上的漂流者，面對浩瀚汪洋，卻不敢喝一口般。我的水源來自一百公尺外的家中。每天早晚都要學習陶侃搬磚，提著水桶遠遠的去「救菜」。

說起我的提水故事，就有一肚子的辛酸。甫種菜時只有幾畦蔥、紅鳳菜和地瓜葉，提兩桶水，每棵菜上澆一勺就綽綽有餘了。可是人心總是不滿足的，像帝王總想擴大國家的版圖，我的菜園就像國畫的渲染般，慢慢地向旁邊延伸，由兩畦、三畦到五畦，僧多粥少的水，開始實施隔日或多日分區供水，有些甚至長期陷入乾渴之中，奄奄一息。

為了改善供水問題，經過一番縝密的研究，我實施了「種菜A計畫」：多種耐旱植物，如玉米、花生、地瓜葉，少種葉菜類。於是玉米長出來了，果然不需要很多水，它也可以長得欣欣向榮；花生雖然發芽率不高，但不澆水竟然也可以長得綠意盎然，黃花滿地，看得我心花怒放，直稱自己英明。

可是隨著春去夏來，我的計畫也失效了，菜園陷入了更嚴重的乾旱。提著水到菜園，彷彿聽到每棵植物都哀求著：「我需要水啊，請給我一勺水！」盛夏的太陽可以讓植物長得枝繁葉茂，但也會讓它們枝乾葉落，一命嗚呼。我摸著被晒得火燙的泥土，心裡一陣難過。澆下水，竟然還冒起水蒸汽。一小勺水不到幾分鐘就完全蒸發了，我愣在菜園裡，眾菜們好像都在指責我：「沒水就不要種我們啊！」是啊，讓它們飽受乾涸之苦，我真是罪過！

當然，也會有陰天的時候。望著滿天烏雲，我都會合掌虔誠的默禱，希望夜裡能下一場大雨，解決我的菜園旱災。可是老天總愛跟我開玩笑，第二天依舊晴空萬里。有時電視裡播報各地甘霖普降，獨缺台東。在北部的兒子來電：「台北下大雨吔；台東沒下嗎？」高雄美濃的岳父也說：「每天下午都會下一陣雨，台東沒下嗎？」親友們都知道我不求官不求財只求下大雨，可這點卑微的願望也難以實現。盼望雨太殷切了，有時半夜裡醒來，聽到鄰居的冷氣聲，都會以為下雨了。妻說植物們若知道了我的心情，一定會感動得涕泗縱橫。

盼呀盼的，總也會盼到下雨。有一天傍晚，天空陰陰的，我正在除草，忽然落起雨來。珍珠般的雨滴落在土裡，然後消失，泥土好像海綿，緊緊抱住雨滴，我覺得有趣極了。站在雨中，好像植物一樣，開心的讓雨淋著。正在陶醉時，親愛的老婆帶著傘來了：「看你，下雨了都不知道回家。」我才依依不捨的離開，眾菜們好像在對我說：「主人，今天就好好睡個覺吧，別擔心我們了。」

有時雨下得不多，連土尚未溼透就停止了，我總怪老天爺「為德不足」；妻說：「要知足哇，至少讓葉片滋潤了，你也少澆許多水啊。」有時下得多，我可以暫時「休水」一星期，在家安心讀書寫作。但我最怕下豪大雨，傾盆而

⊙鋪上乾草可防止水分蒸發

下的雨水會沖垮田畦，原本就不厚的泥土，被沖得只剩薄薄一層。等天晴後我還得趕快拿鋤頭把田溝裡的泥土挖起來，不然菜畦就變成平地了。

七月裡莫拉菲颱風來襲，在巴士海峽轉個彎就西進去了，帶來了大量水氣，台東彷彿中了樂透，一連下了一星期的雨。蔬菜們在雨中開豐年祭，洋溢著無比的歡愉。我看了十分欣慰，感謝上蒼的恩賜，讓她們嚐到開園以來最豐沛的水分。

不過我也高興得太早，每種植物都長得欣欣向榮並非好事，至少那十餘棵花生就已太過茂盛，枝葉爬滿了田畦，聽說這樣會結不出果實。還有，因乾旱而壓制生長的雜草，突然間都醒來了，一夕之間全冒出頭來，尤其是密密麻麻的土香草，我可能要耗費半個月時間來和它們戰鬥呢。

《貞觀政要》說：「水能載舟，也能覆舟。」祭典時最常聽到祈求「風調雨順，國泰民安」，水啊，水！真是世間最不能缺少，卻也不能過量的東西呀。種了菜，才知道這些看來簡單平常的話，卻含有最深的哲理啊。◆

153

因菜施肥

種了菜才知這真是一門大學問，難怪孔老夫子會說：「吾不如老圃。」不談種菜時機、育苗、栽種、除蟲……，單是施肥一項，若要細究，就會把你弄得頭昏腦脹。

翻開蔬菜肥料表，真是琳瑯滿目，令人目不暇接，主要的肥料就有十六種：氮、

⊙植物需要適當的肥料才能生機盎然

⊙長得十分挺拔的甜根菜

磷、鉀……。依類別分成有機肥，如：堆肥、雞糞、豬糞、羊糞、豆餅等。還有化學肥料，又分成單肥及複合肥料兩種。它們分別施放在花果及葉菜類植物。到了肥料店，老闆會依需要給你適當的肥料。種菜的小農夫大多會選擇顆粒狀的有機肥，只要一種就可以撒遍所有蔬菜，多麼方便。可是有機肥廠牌也不少，本地產的，外國進口的，摻雜的不外是各種動物糞便、骨粉、椰子殼、海鳥磷肥等琳瑯滿目。

開闢菜園後，聽說我要施肥，親愛的老婆疑惑的問我：「海鳥肥？會不會得禽流感？最近新聞報導說禽流感大流行，要小心候鳥，可能會帶禽流感病菌。」她勸我還是不要買鳥肥。那麼動物糞便呢？她看了我買回來的羊糞被雨淋後，成了一團黏呼呼噁心的東西後就叫我不要再用了。我告訴她，小時候鄉下人都是用稀釋後的糞便施肥，她趕緊閉上眼睛。為了不讓親愛的老婆產生困擾，我開始講「美麗的謊言」，只要她問：「菜還施肥嗎？」我就說：「現在我種的菜只要勤澆水和拔草，加上愛心就會長得又快又漂亮了。」當然她會疑惑的望著我，我就擺出一副權威的模樣。她有時會到菜園參觀，表達愛的關懷。看到菜園旁邊那些大塑膠袋，對裡面的內容物十分好奇，我說：「那是有機土，給蔬菜們的禮物，朋友送的。」既是朋友送的，她就不再追問下去。有時我就顧左右而言他，忙著介紹各式各樣蔬菜，她像視察的長官，嬌柔的說：「好漂亮喔！」「好香喔！」然後總結一句：「老公最辛苦了！」我立刻露出謙虛的笑容：「我辛苦種菜，讓親愛的老婆吃得漂漂亮亮，就是最大的安慰了！」在我的迷湯攻勢下，她就會忘了肥料的事，開開心心的回家去了。待她美麗的身影消失在圍牆轉角，我就趕快打開塑膠袋，舀出羊糞或有機肥，埋進泥土裡。……

另一種屬於有機堆肥我也曾嚐試：在田邊挖個大坑，把家中的果菜葉放入，覆上泥土，一層又一層，待腐爛發酵後，就可以混合在泥土裡當作肥料。但製作堆肥耗時甚久，數量也不多；再加上無法隨時施放做追肥，所以只是客串性質。大部分時候，我還是懶得去了解書上介紹的氮磷鉀的作用，不管果實類、葉菜類要施什麼肥，只採用我的「懶人種菜法」：種菜前在泥土裡埋些羊糞當作基肥，過些日子再追加有機肥，它們就會生機盎然。至於「用愛心澆灌」的事，那是有情的人類，親愛的老婆才會相信的事，蔬菜們可不買帳呢。不然你問問它們：「如果不施肥料，妳們會不會長大？」它們一定會隨著微風對你搖搖頭。

孔子推動平民教育，採用「因材施教」法，培育出許多棟樑之材；我的小菜園雖沒有三千弟子，但也應該仿效他來個「因菜施肥」。幸好園中沒有栽植特殊的蔬菜，需要特別的肥料，我把施肥這等大事簡單化，交給幾種隨處可購得的肥料，眾菜們也很合作，個個欣欣向榮樂在其中，我不禁要合掌默禱啊！◆

附記：

一、本文所述施肥方式純係筆者及大多數業餘老圃們的「懶人種菜法」，讀者們想要了解正確的方法，可請教肥料商。

二、動物糞便中以雞糞效果較佳，但有異味且易滋生蒼蠅，不適合在市區施用；羊糞則無此困擾。

小百科>>蔬菜肥料有下列三種：

一、氮肥：又稱葉肥，促使枝葉茂盛、莖梗強健，適合葉菜類作物。

二、磷肥：又稱花肥，利於開花或果實碩大，適合花果類作物。

三、鉀肥：又稱莖肥，增進莖部及根部發育，適合根莖類作物。

有機栽培時建議選購顆粒狀的有機肥，屬綜合肥料，一般蔬菜皆適用。

157

蟲蟲危機

知識分子以「家事國事天下事，事事關心」為己任；家庭主婦開門七件事：「柴米油鹽醬醋茶」；農人種菜也念茲在茲：「澆水除草除蟲施肥」。的確，種菜四件事，沒有一件不讓農人費心。但澆水、除草、施肥只要勤勞就可以克服；而蟲蟲會讓蔬菜生病，甚至死亡，令人頭痛萬分、手足無措。

⊙蝸牛與草蛭

⊙正在吃蕃薯葉的蝸牛

種菜伊始，我就陷入和高麗菜蟲纏鬥的惡夢裡一個多月，每天緊張兮兮的，連做夢都在抓蟲。幾天不在家，蟲蟲們就佔領了整棵菜，真不知牠們是從哪兒冒出來的，難怪農人會頻繁的噴灑農藥。我最後向高麗菜蟲們投降，像諸葛亮揮淚斬馬稷，把它們全部砍除。

除了高麗菜蟲，其他蔬菜們當然也都有蟲蟲危機：胭脂茄美女就遇過粉狀的介殼蟲，葉片背面厚厚的一層，一碰就漫天飛舞，讓人看了十分噁心。幸好只種了十棵茄子，我靠著耐心和毅力，逐一清理，並剪掉嚴重蟲害的葉片，才算解除了這個危機。除了介殼蟲，它們的葉子還被一種我從來沒看過的蟲咬得像魚網，慘不忍睹。我也是將蟲害的葉子剪去，讓它們重新發芽長葉，才恢復生機。

另一個蟲害發生在玉蜀黍。開花抽穗後蚜蟲就開始不請自來，千軍萬馬駐紮在葉心裡，黑鴉鴉一片，彷彿即將發生世界大戰一般。蚜蟲吸引了無數的螞蟻，每天吃著蚜蟲的分泌物。我看了真擔心玉蜀黍會病倒，趕緊拿抹布沾酒精來擦拭牠們，災情總算沒有擴大。不久又來了漂亮的瓢蟲和金龜子，我也一一抓起來。我的大舅子是玉蜀黍專家，他笑著告訴我：

「瓢蟲會吃蚜蟲，金龜子不抓也沒關係。」我總算長了知識：並不是所有的蟲都要抓的。

另一種讓我無計可施的蟲害是專叮瓜類的小果蠅，苦瓜就是受害者。它甫一長出來，嫩嫩的皮膚多麼可愛！我還來不及把它包起來，小果蠅就先攻擊了它，只輕輕一叮，它立刻紅腫，幾天後就夭折了。老圃告訴我，可以去農藥店買專捉小果蠅的吊籠，裡面放了一種藥，牠們被吸引過去，然後死在裡頭。我因只種了兩棵苦瓜，不想這麼費神，就放牠們一馬了。

蝸牛和草蛭也是蔬菜的災難；尤其是剛發芽時，一旦被牠們發現就大勢不妙了。牠們大多在半夜裡出來大快朵頤，黎明時就逃之夭夭了，讓你恨得牙癢癢的，因為牠們往往把菜心吃得一乾二淨，整棵菜芽全報銷，除了重新播種別無他法。蝸牛白天會躲在草叢或石頭縫裡，要找牠們可不容易，只有在下毛毛雨時，牠們會成群結隊出來，這時就是逮牠們的好時機了。我曾經在雨後連續幾天清晨去抓牠們，積了一大袋，送去給喜歡吃蝸牛的好友。沒想到他忽然動了惻隱之心，我們一起開車把牠們送到二十幾公里外的山上放生了；山上應該是牠們的樂園吧。至於草蛭雖然小，但對蔬菜的為害比起蝸牛也不遑多讓。牠們不像蝸牛做錯了事會慚愧的逃走，而是慢條斯理的在菜園中大大方方的爬著，讓你看了就會生氣的把牠們抓起來。有一次我播種菜豆後用草覆蓋著，次日清晨澆水時發現草上有許多小草蛭，打開一看，表層和土裡密密麻麻的，我一隻隻抓起來，兩排菜豆六個豆穴總共抓了七十一隻，讓我渾身起雞皮疙瘩，噁心得不得了。

至於空心菜葉上蹦蹦跳跳的小蝗蟲，或是蕃薯塊莖裡的蛀蟲都不足為道。因為小規模種植，為害也就不大，套句老圃們常說的：「蟲吃剩的再給人吃。」一看，多寬宏大量！

除了這些直接危害蔬菜的蟲蟲，沒想到雨水和陽光也會造成災害：雨水過多，葉菜類會腐爛；大雨過後出現豔陽，瓜果會被晒傷或腐爛。農人面對這麼多恐怖的敵人，怎能不戰戰兢兢以對？又怎能不殫精竭慮想盡各種方法來克服？因為辛苦耕作的蔬果如果在一場蟲害中夭折，再重新種植和收成，已是半個月或一年後的事了，他們如何在耗盡汗水與錢財後，再度重燃勇氣與信心？如果下一次再度遇到蟲害呢？農人不會猶豫，會立刻把這些蟲蟲交給農藥去處理，用最快的方式消滅掉。因為種蔬菜只有微薄的利潤，他們需要生活，承受不起「勞而不獲」的結果。

而我，只是玩票性質的過客。面對蟲蟲，就用最原始的人工除蟲法吧。我需要蔬菜，蟲蟲們也是，差別只在：我是蔬菜的主人，牠們不是。◆

附記：筆者對蔬菜蟲名所知有限，文中所述若有謬誤，尚請方家指正。

161

菜園宵小

談起宵小，已是很遙遠的記憶了。

小時候六〇年代社會經濟普遍欠佳，每逢年關，母親總要叮嚀我們：「晚上不要睡得太熟，院子裡的籠子如果有動靜，就要趕緊起來察看，可能是小偷來偷雞鴨。」為了不讓母親煩惱，身為家中老

⊙欣欣向榮的蔬菜容易引起宵小的垂涎

大的我總會豎起耳朵，一直注意到深夜。有時聽到遒勁的東北季風吹動鴨籠的鐵皮，哐噹作響，都以為是小偷，搖搖母親，她聽了一會，說：「是風聲。」又倒頭睡去。有一次，半夜裡鄰居人聲鼎沸，有人喊著：「抓小偷！」爸媽聞聲起來，我們也出去看熱鬧。原來是小偷摸黑打開雞籠，一籠雞鴨驚嚇得大叫，主人拿著棍子衝出去，小偷早已嚇得逃之夭夭了，只留下半開的籠門和一群被擾得無法安眠的無辜百姓。

現代社會早已脫離了窮困，那種趁著夜黑風高神出鬼沒偷竊雞鴨的宵小已罕聽聞，現在的宵小似乎轉型了，膽子也大了些，連光天化日下也出現了。家門前種了三棵麵包樹，結了不少果子。麵包果削去外皮後加小魚乾或排骨煮湯，有特殊的風味，我和妻都喜歡，摘後吃不完的就送給鄰居和好友。有一天清晨，麵包樹下有個晃動的人影，我從窗戶望去，一個婦女拿著綁著鐮刀的長竹竿正在摘麵包果。我和妻向她表示那是我們種的麵包樹。她露出吃驚的表情說：「啊，我以為是自己長出來，沒人要的。」卻毫無一點歉意。妻說：「沒關係，如果妳喜歡吃，隨時都歡迎妳來摘，不過希望妳每次能留兩個給我們。」她聽後隨手從袋子裡拿出兩個果實遞給我們，然後拎著兩大袋麵包果走了。有了妻的體貼心意，婦女彷彿有了採果同意書，以後我們經常會在門口拾到幾個小小的果實，就知道那個婦女又來過了。市場上的麵包果並不便宜，一小包削好的果實要價三十元，這婦女到處採摘麵包果送去販賣，完全不必耕耘，也算是一種特殊的宵小吧。麵包果旁是鄰居周先生種的龍眼樹，去歲首次結果，纍纍的果實愈長愈大，讓人看了滿心歡喜，充滿期待。有一天清晨，在附近活動的幾個男子竟然爬上圍牆，拉下枝枒，把果實摘個精光。周先生看著光禿禿的龍眼樹，彷彿被強制剝去衣物的受害者，那夥做錯了事卻不以為意的民眾，可能還不知這種行為已觸犯了刑法吧？

種龍眼樹與麵包樹耗費的精神較少，我們稍能釋懷，令我懊惱的還是菜園的宵小了。耕耘了一年的菜園，脫去了乾旱貧瘠的外衣，變成一塊膏腴之地，菜蔬欣欣向榮、綠意盎然，我們種得興起，吃得開心；可是位處鬧市的菜園卻引起宵小的垂涎。首先被光顧的是靠近路邊的郭太太菜園。她發現幾排待收的韭菜和蔥不翼而飛，接著幾棵牛皮菜也被連根拔走，成熟的青椒消失了，手指般的秋葵也不見了。我聽後還有點心存僥倖，我的菜園在後頭，宵小容易偷的是靠路邊的菜，總不會冒著被發現的危險，深入我的菜園吧。

我和郭太太到菜園的次數變頻繁了。她六點早起澆水，我隨後。早餐後她又去除草種菜；我則在做午飯時分去摘菜。傍晚學校放學，人來人往，我們也在菜園忙碌，一直到夜幕籠罩。菜園隨時維持著警戒狀態，希望宵小望而卻步；可是我們的努力並未換來菜園的安寧。不但郭太太的菜園仍然經常演出蔬菜失踪記，不久，我的菜園也慘遭波及。先是紅色的蕃茄，繼之是菠菜，再來是半畦的甜根菜紛紛失踪，更出人意料的是正在開花的草莓被連根拔走，還有水桶和水壺也不翼而飛。望著長期耕耘的心血化為烏有，我有無限感慨。但蔬菜價廉，聽說大賣場一棵Q妹才三塊錢，街頭滿載高麗菜的小貨車上掛著「三顆五十元」的牌子，我們總不能因這小錢而向警察局告狀，請他們派員來巡視保護吧。

我想起《呂氏春秋》中的一段故事：『荊人有遺弓者，而不肯索，曰：「荊人遺之，荊人得之，又何索焉。」孔子聞之曰：「去其『荊』而可矣。」老聃聞之曰：「去其『人』而可矣。」』《呂氏春秋》評論說老聃是個至公的人，像偉大的天地，生育萬物而不當作是自己的子女，成就萬物能與世人共有。這樣的廓然大公讓我豁然開朗，宵小有所需才會費盡心機偷竊，我們就當作是做善事，寒冬送菜吧！◆

164

春秋代序

蕭瑟的秋天到了。以前在涼涼的秋風中，很自然的會想起古代的「秋決」。不只死刑犯在秋天伏法，許多生物也會在秋天大去，秋天是充滿了肅殺之氣的季節。種了菜，卻有了不同的體認：秋天誠然百物凋零，卻更是眾菜滋長的季節。

⊙剪枝後的秋葵仍生生不息

凡是生命都有生長的週期，有朝生暮死的蜉蝣，也有莊子在〈逍遙篇〉所說的大年、小年：「朝菌不知晦朔，蟪蛄不知春秋，此小年也。楚之南有冥靈者，以五百歲為春，五百歲為秋；上古有大椿者，以八千歲為春，八千歲為秋。此大年也。」這樣算起來大多數的菜都是「小年」罷了。秋風一吹，被我譽為「菜園模範生」的紅菜首先不支，豎起了白旗。在莫拉克颱風後長達一個多月滴雨未落的乾旱中，一棵一棵的轉黃、轉褐，然後乾枯。我頻頻澆水也挽不回它的生命。望著原來生機盎然的紅菜圃，旋踵間彷彿成了沙漠中的荒城，我終於明白了秋風蕭瑟百草黃，蒹葭蒼蒼，白露為霜的厲害了。

菜豆也是。它努力結出了長長的豆莢，讓我們大快朵頤。可是它的生命也逐漸老化：剛長出的菜豆最長可達四十公分，勻稱漂亮，令人愛不釋手。接著，豆子愈來愈短，愈來愈瘦，有些甚至只剩十來公分，或頭尾胖瘦不一。最後更不成豆樣，隨便長出一條就了事，而且彎彎的，像個逗點。不到一個月豆子樹就轉黃了，花有一朵沒一朵的開著，豆子在風中晃呀晃的，猶如秋風中殘留的葉子，一陣風來就會飄落。我惆悵的把它的藤蔓和棚子收拾收拾，依依告別。

不過，有些菜們的生命還有另一種令我驚訝的轉換方式：莫拉克颱風造成南台灣重創，我的菜園也遭殃。茄子和秋葵受傷最重，像遭逢大車禍一般斷手斷腳，奄奄一息。我把它們扶正，還立了竹子固定，它們在我細心照顧下逐漸恢復生機，繼續開花結果；尤其茄子，長了四、五十條，一時之間，菜園彷彿開Party，紫色花朵和修長的身影晃來晃去，熱鬧得不得了。沒想到在蓬勃的生機背後，卻有另一股生命力在滋長。立秋後，茄子樹幹旁長出了一兩株小芽，我並不以為意，以為是插花性質的新生代。沒想到小芽長得飛快，不到一週，竟已有十餘公分高。更奇特的是它們也開了花，原來的枝幹不知怎的，慢慢地枯萎，竟至乾枯，枝上的小茄子還沒長大就一命嗚呼。我只好把原來的枝幹剪去，讓新芽替代了母株。望著它們，心中悚然一驚，像閉關的比丘忽然間頓悟了：這不就是另一種生命的轉換嗎？茄子在靜默中完成了生命的傳承，有了新的生機。新枝成了菜園裡的生力軍，讓我既驚又喜。

秋葵也是。身高超過兩公尺的秋葵，抽得愈來愈長，愈來愈瘦，我還要彎下它的枝幹來摘果實。有一天，無意中也發現它的基部長出了新芽，開了花，長出了小秋葵，一點都不遜於它的母親。有了茄子的經驗，我也拿起剪子，把龐然大樹攔腰剪斷。只聽到秋葵「咔！」的一聲，就縮回了它幼稚園時的身高，秋葵區恢復了幾個月前初長的模樣，黃花開遍，生機又盎然。

生機盎然的不只是茄子和秋葵，夏日空盪盪的菜畦也像菜市場熱鬧了起來。查了農民曆，問了種子店，才知道秋天是菜農繁忙的季節，蔬菜們的樂園。我一口氣了撒了白菜、菠菜、茴香菜、茼蒿

⊙新舊交替的茄子

⊙奄奄一息的紅菜

菜、半包妹，種了白蘿蔔、紅皮蘿蔔、紅蘿蔔，又培育了結頭菜、菜心等菜苗。親愛的老婆聽了不敢置信我這麼能幹，種了這麼多種菜。她夏天時吃了太多蕃薯葉、秋葵，彷彿玩膩了楓之谷電玩的小孩，正在期待新的遊戲一般，希望有新的蔬菜換換口味。她天天都這樣期待：「可以摘白菜和茼蒿來吃火鍋了嗎？」也不管蔬菜們的成長期。我只好日日澆水，天天催促。半個月後白菜先上場，接著是菠菜、茼蒿……。在瑟瑟秋風中，我和親愛的老婆享受著熱騰騰的火鍋，涮著可口的青菜，開心得不知今夕是何夕了。

《文心雕龍．物色》有言：「春秋代序，陰陽慘舒，物色之動，心亦搖焉。蓋陽氣萌而玄駒步，陰律凝而丹鳥羞，微蟲猶或入感，四時之動物深矣。」春秋默默代序，陰陽自然慘舒，萬物的蓬勃、消長無時無刻都在輪轉，植物們的生長其實也不盡然是春耕夏耘秋收冬藏，在蔬菜們的世界，秋天才是熱鬧的舞台，快樂的天堂。

不相信嗎？請到郊外的菜圃瞧瞧，那些可愛的小生命正在清冷的秋風中為您熱情的舞蹈！◆

⊙秋天是蔬菜的天堂

168

以菜會友

種了菜，朋友多了，友誼也更深厚了。

老友們退休後最喜歡的活動大多是旅遊。大半輩子或終日案牘勞形，或照護子女，鮮有機會做長途旅行，如今卸下重擔，遊遍名山大川，不亦快哉！另一種樂趣就是蒔花

⊙作者夫婦送菜給來訪的明道文藝社社長陳憲仁夫婦（左一、二）

種菜。蒔花較易，只要幾個盆子，一點空間就能繁花開遍，美不勝收。種菜就大不易了。既要空間，也要知識，從來不曾接觸過農事的書生，壓根兒也不會想種菜；即使種了菜，也難有收穫。我有孔子「吾少也賤，故多能鄙事」的生長環境，從小就在田裡打滾，掘土種菜對我這鄉下小孩來說，根本就是像「桌上拿柑」般容易。好不容易在寸土寸金的都市，且在住家附近有一塊可以種菜的土地，是多麼幸運的事！我就像親愛的老婆說的：像來到草原撒開步伐的野馬，衝勁十足了。每天早晚種菜澆水除草兼施肥，忙得不亦樂乎。應了那句咖啡廣告詞：「你若在家中找不到我，就是在菜園；或是在去菜園的路上。」

種了菜，老友相見，話題也多了，像：「你的茄子長了沒？」「茼蒿可以吃了吧？」「為什麼我的南瓜總不會結果？」「我有Q妹苗，你要種嗎？」「你有絲瓜種子嗎？」有時請教菜事問題，有時聊聊蔬菜們的生長，生活中注入了活水，有了新的話題，再也不會無聊了。打種菜後就幾乎沒上過市場買菜，每天都有吃不完的有機菜，還可以分送親朋好友，做做「蔬菜外交」。接到蔬菜的朋友們都很開心，因為這是最美味的食物啊。有時朋友們來訪，就會帶他們去參觀菜園，有些人還不知是如假包換的土地，以為是屋頂菜園；有些人還懷疑我在開玩笑，尤其是「開心農場」正夯的時期，一定要加上「開心農場的現實版」，不然大部分人都會以為是在網路上種菜。看完菜園，當然就會隨手摘一把菜讓他們帶回去，禮輕意重，朋友也不會推辭，結果是賓主盡歡，笑聲滿菜園。有幾次去拜訪多年不見的老友，蔬菜就成了最好的伴手禮，一袋美味的紅蘿蔔和Q妹，成了友情的昇華劑，蔬菜們真是居功厥偉啊！

種了菜，寫些心得，配上圖片在報上發表，多年不見的老友們看了，還會來電連絡，他們不太相信爬格子的我也會種菜，這也是意外的收穫。有一天中午我正在午睡，電話響起，是位回台東鄉下探親的老同學，特地來看看我的菜園。望著我那欣欣向榮的園地，他十分羨慕的說：「好像是陶淵明哪，終於實現你的夢想囉！」是啊，我曾寫過一篇〈陶淵明的夢〉，訴說種菜的心境，像根植在讀書人心中既平凡又踏實的一個夢。我在微雨中揮著手，看著他的車消失在街的轉角，心中一陣感動與安慰。

愈走進蔬菜世界，益發覺得種菜知識的不足。面對那汪蔬菜的大海，我像沙漠裡饑渴的旅人，到處請教老圃，也到圖書館借閱有關書籍。琳瑯滿目圖文並茂的菜書，令我獲益良多；尤其是許多作者利用陽台種菜，和水泥叢林中的人們分享心得，成了最好的模範。我每天勤做讀書筆記，將每一種菜的成長都詳細做記錄。我常想，當年讀書寫作若有這般用功，也許今日成就就不僅此了。但學習的動機要看需要，我強烈的種菜欲望正是學習最強最好的力量，效果當然也就豐碩了。

隨著時間流逝，我和老友之間也發展出一個原則：彼此種些不一樣的菜。因為土質與環境不同，加上每個人具備的常識互異，所以栽種的蔬菜也不一樣，這就成了交流的好時機。因為我住在市中心，所以四面八方的好友們常會到菜園看我，並攜來他們栽種的蔬菜；我當然也現摘可口的菜蔬回送。老友們看看菜園，指導我這新手種菜，說我頗有慧根，有長江後浪推前浪之勢，我就開心得手舞足蹈起來了。

⊙菜園與來賓

學武之人總愛在道館裡懸上「以武會友」的扁額，文人也愛說「以文會友」，我種了菜，就是「以菜會友」囉。種菜可以連絡朋友間的情誼，由於相互切磋，友誼更深厚了；「蔬菜外交」可以結交朋友，真是此樂何極啊！如果您來台東，請到我的小菜園，看到滿園的翠綠和欣欣向榮的蔬菜，一定會像我一樣，對生活和人生充滿了希望。我深信只要付出愛心，就會有無限的收穫：除了美味健康的蔬菜，還有濃濃的情誼，因為菜園裡烙印著一塊「以菜會友」的招牌啊！◆

172

菜園戀人

一般人很難想像，這一年多每次出國旅行，我想念的不僅是親人，還有菜園。

在遊覽車上，團員們有的展示乖孫照片，有的口沫橫飛暢敘孩子成就，更有的請大家欣賞家中狗兒的英姿；尤其是談到狗兒，我發現幾乎養

⊙玫瑰花讓菜園增添詩意

狗人家手機裡都有愛狗的照片。大夥湊在一起，好幾支手機豎起來，爭著說：「看我家狗狗多帥！」如果養的是同一種狗，那更不得了：「喂，告訴你，我家那隻拉不拉多犬……；你家的呢？」說到後來恨不得立刻把狗抱來，結成親家。更誇張的是到山東旅行，到了濟南，女導說，晚上可以回去抱抱家中狗狗了。一堆女生開始問：「妳養什麼狗？」「什麼！是黃金獵犬！我也是，妳看牠的照片！」女導也把手機裡的愛犬送過來，於是車上什麼景點都消失了，立刻變成參觀狗世界，兩岸的狗也差點聯婚起來。我看著這些熱鬧有趣的場景，不知不覺就會想起菜園。我和她們不都一樣嗎？只是我把狗狗換成了菜園。打種菜起，我經常為眾菜拍照，從撒苗或定植起，每隔一段時間就要留下它們的身影，它們是我的最佳模特兒，親愛的老婆看了幾乎要吃醋。現在我拍的菜園照片已有二千多張，沒事時還會打開檔案，欣賞那些曾經在菜園裡燦爛過或夭折過的植物，覺得既有成就感而且甜蜜。有一次還把照片放在記憶卡帶去台中放給媽看，媽還稱讚我種得有模有樣，有她的遺傳，我聽了樂不可支。

去秋，到奧之細道賞楓。彩色的大地讓人心都紅豔起來，大夥兒看得興起，快門當然就按個不停。我自然也不會錯過機會。忽然我被一塊種滿蘿蔔的菜園吸引過去了。那些蘿蔔像好奇寶寶，探出了一半身體，像白玉般美極了。我拍著它們，不禁想起我的菜園。出門前，我種的蘿蔔也是一樣，探出的雪白身體彷彿揮著小手向我說再見。不知它們是否能抵得過蟲蟲們的侵害，健康的歡迎我回家？日本農人把拔起的蘿蔔掛在籬牆上，長長的一排，像歐洲沙灘上在做日光浴的女孩；有的掛在屋簷下，聽說是已醃過，要晒蘿蔔乾。我也在名產店裡看到用稻草包裝得很漂亮的蘿蔔乾，光是這種生意頭腦就讓我們望塵莫及，因為我們大多只會把蘿蔔切條晒成乾出售。還有，在阿信的故鄉銀川溫泉，美麗的瀑布旁，正好有一塊菜圃，種了各式菜蔬。農人在清澈的水流聲中穿著雨靴，拔著草，摘著菜，多像在工作中的我呀！我和親愛的老婆向他揮手招呼，他也回我們一個甜甜的笑容。就這樣，我一路看著日本的蘿蔔園和菜園，對遠方家鄉的菜園思念深深。

今春到山東，欣賞齊魯大地風情。有一日清晨與親愛的老婆在旅邸附近漫步。那時節正逢櫻花怒放，隨著花兒的足跡一路望去，不覺走到一處菜園，像一塊磁鐵，把我們迷住了。菜園約莫二十坪，兩棵粉色的櫻花擠滿了爭妍比美的花兒，像一團團花霧。園裡種了彩色的高麗菜，紫的、黃的、綠的、紅的像一個個彩球，在土地上織出一片美麗的錦緞，它們一層層的往上長，又像一個個美麗可口的蛋糕。不僅此，園邊還種了玫瑰花……。我們佇立在園邊看得陶醉了，久久不忍離去。這座菜園的主人除了種菜，還有一片詩情，把菜園經營成如此兼具物質與精神之美，是何等難得的境界！當我們望得入神時，一位老者緩緩走來，原來是菜園的主人。我讚美他的菜園；他笑一笑：「隨便種種，好玩！」這時，我也不禁想起遠方家鄉的菜園。每天勞碌辛苦的我，只關心菜的生長，有多少閒情欣賞飛舞的蝶兒（不成，要立刻驅逐出境）？和田埂上的小花（雜草應該是拔之而後快）？

冬天在大陸北方旅行，最令我感動的是農人刻苦搭建的溫室菜園。厚厚的草被子蓋在透明的塑膠屋頂上，白天，把草捲起，拉到屋頂，像一團團草堆，讓蔬菜照射陽光；晚上再把草被子放下，以便保暖。那屋子蓋得極矮，大概為了節省成本，但人在裡頭工作可就侷促不便了。聽說有的溫室還利用地

①玫瑰和彩色高麗菜點綴的菜園
②美麗的菜園是鍾情的所在
③青島菜園旁的櫻花

熱或裝接工廠的熱氣，讓室內保持一定的溫度。這種方式種的菜雖不漂亮，但已大大改變北方冬天和初春低溫下無法耕作，人們沒有新鮮蔬菜，只能食用泡菜或鹹菜的生活方式。我在洛陽的菜攤上看到長得短短細細極為清瘦的菠菜，一問之下，才知農人栽種它們的過程。農人乾瘦的臉孔，龜裂的雙手，販售著辛苦種出的菜蔬，我吃起來特別香甜，也自然的想起遠方家鄉的菜園。其實在亞熱帶地區種菜，條件比他們優越許多；「他山之石可以攻錯」，我也要克服有機種菜的困難，找出更有效更方便的方式，讓菜們順利成長才是。

歐洲人在屋院裡極少種菜，大部分都是花的世界，彷佛他們只會種花，種菜是農人們的工作。只有一次例外。在德國萊茵河畔漫步時，看到一棟鄉間別墅，庭院裡花團錦簇，洋溢著春天的氣息。眼尖的我，在一艘廢棄的小艇上，看到主人栽種的油菜與萵苣，這些菜蔬彷佛即將出航的旅人，十分有趣。我像遇到知已般，興奮的趕緊拍照。遠方家鄉的菜園不覺又浮上心頭。歐洲行旅，漫漫時日，他們無人澆灌，完全要靠上蒼，不知能否挺到我回家？

除了像磁鐵般的菜園，我和親愛的老婆也喜歡逛市集。大陸的市場與台灣相仿，農人挑著菜蔬吆喝著，我們一路欣賞拍照，對不認識的菜還會請教一番。最有趣的是在雲南白沙村，和一群賣菜心的太太們閒聊。那菜心，胖得像手腕般，親愛的老婆實在喜歡，不停的欣賞並問價格，她們笑著說：「二角；可是你們又買不得。」說得可真不錯，我們是觀光客啊，大家都不覺一笑。歐洲的市集有不一樣的風情。廣場上擺著一攤攤彩色的果菜，好像藝術品。買菜的太太媽媽們挑著菜，似乎在欣賞著藝術品一般。這時，我又會想起遠方家園的菜園。想起那些長得像營養不良又乏人照顧的菜蔬，可也是我鍾愛的、安全又營養的寶貝啊。

旅行回家後，第一件事不是拿出行李，整理一路上的收穫，而是衝到菜園看看菜兒們是否無恙？彷彿久別的情人，要來一個緊緊的擁抱。是啊！經過了一年多的耕耘，菜園已成了我親蜜的戀人，最可靠的知己。在異鄉的歲月，我無時無刻不戀著它。親愛的老婆是不會吃醋的，它們長得愈好愈漂亮，她會愈高興，因為餐桌上就會有無盡的美食啊。

現在，我已在菜園週邊種上清香的野薑花，像公主般美麗的玫瑰花，各式各樣的扶桑花，還要種些會開紫色小圓球花朵的含羞草，還有……。我記得山東飯店附近那座美得像詩的菜園，我也要好好打扮菜園，讓菜園更美麗，因為它是我至愛的戀人啊。◆

⊙南瓜花

⊙欣欣向榮的鳳梨富有陽剛之美

178

菜園絮語

用心的種了一年菜，儼然是一位老圃了。談起種菜的酸甜苦辣，彷彿滔滔不絕的江河。冬去春來，時序經歷了一番輪迴，我的心，有一份篤定，也有一些新意。篤定，緣自一年來的經驗；新意，來自創意的改變與實驗。

⊙美麗的蕃茄使菜園富有文學味

王國維在《人間詞話》中將人生分成堅定信念、勇往直前、柳暗花明的三個境界：「昨夜西風凋碧樹，獨上高樓，望盡天涯路」「衣帶漸寬終不悔，為伊消得人憔悴」「眾裡尋他千百度，驀然回首，那人卻在，燈火闌珊處」。佛教禪宗惟信和尚曾以「見山是山，見水是水」到「見山不是山，見水不是水」再回歸到「見山是山，見水是水」來說明學禪悟道的三個境界。我種菜甫經年，談境界也許太早，但世事雖如棋，種菜卻很平實，春秋代序，四季輪迴，蔬菜們快樂的在土地上生長，其實也沒有太深奧的學問。只要用心對待、細心觀察，一年時光，心境也會隨著王國維、惟信而輪轉，有一番領悟。

擁有菜園，雖只是一塊雜草叢生、堆置廢土的荒地，卻已圓了半輩子的夢，心中的喜悅應了那句話：「連做夢也會笑。」我掄起鋤頭在土地上努力地耕種起來。挖土整地、播種購苗、提水澆灌、除草、施肥、驅蟲，生活頓時忙碌起來。黎明即起，黃昏始回，連中午大太陽時也會去菜園巡視。心被菜園緊緊纏住，蔬菜成了生活的重心，一棵菜的死亡或收成，都會牽動我的心情。我的心像鄭愁予〈錯誤〉裡向晚的青石街道，蔬菜們的變化是敲響心靈的蹄聲啊。數不清多少時候，黯然於被蟲蟲吞噬的高麗菜裡；驅趕在菜園裡搞破壞的狗狗，望著被野狗刨得亂七八糟的菜園，奄奄一息的菜苗而氣憤難消。乾旱時節，土地熱得像烤箱，蔬菜們張嘴大喊：「水啊，水啊！」也會埋怨上蒼的「風不調雨不順」。當然也有收穫的喜悅。無論什麼菜，親愛的老婆始終會說：「哇，好漂亮好香的菜喔！」嚐著親手種植的蔬菜，有一種打心底產生的快樂，雖然那是一把市場上只賣十元，我卻要花費一個月時間才種出的菜。

種了菜，知道蔬菜的成長是有季節性的。四季輪迴，花開花落有時，如果想要違反，蔬菜們就會實施不合作的抗議，不是不開花結果，就是奄奄一息，失去了生機。像冬季長得欣欣向榮的Q妹，三月以後在酷熱的天候下就開始罷工了。二月份種的菜豆，一個月後仍然未見長藤爬竿，反倒是慢了半個月才播種的敏豆後來居上，爬在棚架上開花結果了；菜豆仍然無聲無息，原來它們要在暮春才會生機盎然哪。蔬菜的季節屬性讓我有了深切的體會，凡事只能順其自然，不必太過強求。

每種生物都需要成長的空間，狹窄的斗室讓人目光短淺，浩瀚的山河才能培養宏觀的視野；蔬菜也是。初種玉蜀黍，留了一個巴掌大的寬度，發芽時還不覺得有異；待長到三十公分高時，它們已擁擠在一塊。老圃們告訴我，一定要疏苗，否則會長得又細又瘦，難以結果。我捨不得拔掉它們，想多施點肥料，勤澆水，讓它們長看看。結果玉蜀黍們長得像細長的竹子，結出的玉米穗像春節時常吃的糖葫蘆，我實在有點慚愧。種高麗菜和結頭菜也同樣有這種失敗的經驗。總以為它們有一、二十公分的間距就足夠了；怎知只長到一半，我就知道失算了。蔬菜們擠在一起，不但無法快意生長，也不易通風，反而容易產生蟲害，對它們的成長適得其反。要知道：苗圃的樹苗唯有移到遼闊的原野上，才能恣意伸展手腳，長得壯碩、頂天立地啊。

其實種菜不能只用蠻力，也需要方法。育苗要注意覆土的深度，有些需要深埋，有些只要蓋薄被，有些更只要撒在泥土上澆澆水就好。如果方法不對，發芽率就不高，或事半功倍，或徒勞無功。育苗後有些菜可以移植，如Q妹、高麗菜、結頭菜；有些移植後成長就會頓挫，只能播在園畦裡，用疏苗的

⊙不斷孕育新生命的芋頭使菜園生機盎然

⊙欣欣向榮的蔬菜回報辛苦的老圃

方式讓它們生長，如蘿蔔等根莖類蔬菜。至於成長期間，最重要的是水分要充足。我因菜園沒有水源，完全靠提水澆菜，但杯水車薪，導致菜園經常陷於乾旱中。曾經種過空心菜和莧菜，都因缺水而韌得幾乎嚼不動。從此我不敢輕易栽種需要大量水分的葉菜類；尤其是在酷熱的夏天，土地像沙漠，傍晚澆下去的一勺水，很快就蒸發得無影無蹤，我彷彿聽到蔬菜們的渴求聲：「水啊，水啊！給我一勺水啊！」那聲音猶如《莊子》〈外物篇〉中那條鮒魚的哀號：「君豈有斗升之水而活我哉？（若無水）曾不如早索我於枯魚之肆！」種菜至此，我頗感無奈，也頓覺農業時代水利設施為什麼會成為執政者的當務之急了。因為唯有修好灌溉水渠，農民才能有效耕作、安居樂業啊。在絲路之旅時，看到吐魯番、哈密的綠洲，農民耗時費力甚至犧牲性命挖掘的坎兒井，那汩汩流動的清泉，更令我感動不已。

當然，種菜還有不能忽略的施肥與除蟲。既然是有機栽培，就不能施用農藥與化肥。在琳瑯滿目的有機肥料中，動物的糞便與顆粒狀的有機肥便是最佳的選擇。把它們埋在泥土裡慢慢發酵，蔬菜們就會快快長大。最難對付的就是蟲害。有些蔬菜本身病蟲害就多，若大規模種植，幾乎週週都要噴藥，再要加上荷爾蒙或增加甜度的刺激素，噴灑的次數就更加頻繁。有時望著菜葉上像春雨綿綿不斷的蟲子，心頭不免為農民而沉重。菜農為了生計，不得不施用農藥，即使有生態除蟲法，豢養病蟲的天敵，但往往緩不濟急，或有突發狀況，導致作物歉收，這時可就徒呼負負了。我經歷過幾次蟲害，得到不少經驗，除了增加株距讓植物長得壯碩，增加免疫力，最根本方法就是栽種較少蟲害的蔬菜，像萵苣類、菠菜、韭菜、敏豆、芋頭等；或搭建網室，讓蝴蝶無法進入產卵，阻絕討厭的毛毛蟲。這些心得像寒天飲冰水，冷暖自知，經驗永遠是最好的智慧啊。可惜我們的農民永遠因為生計而陷在價格的追逐與迷失中。高麗菜價格頂俏時，綠野平疇以及山坡上都栽滿了菜苗；待到盛產價格崩盤，又要含淚開著堆土機銷毀。釋迦、芭樂、柚子、柳丁、大白菜、

⊙結實纍纍的木瓜使生命更充實

⊙嫩綠的白菜洋溢著生氣

空心菜等，哪個不是一再上演果（菜）賤傷農的戲碼？幸好有些組織管理良善的產銷班已為精緻農業露出了曙光，也許再不久，我們的菜農們都可以放心的在網室或溫室裡種菜，提供民眾既營養又安全的蔬果了。

種菜雖是小道，卻也有大哉問。除了經驗，交流也是重要的知識來源。坊間蒔花種菜的書籍如過江之鯽，在圖文並茂的作品裡尋些建議，可以少走一些冤枉路。因為一旦蔬菜夭折，再重種已是半個月或一個月後的事了。另外老圃們的意見交流也是解決難題的快速管道，諸如肥料、蟲害，甚或互贈果菜苗，都可以增進農事知識以及人際關係。菜是人間的橋樑，禮輕情意重的物品啊。

歲月在育苗、澆水、收穫之間流轉，心境也隨著改變。以前天天為蔬菜們擔驚受怕，既憂苦旱，復煩蟲害，連專搞破壞的狗狗也都令我氣憤填膺；如今已學會了豁達：多種耐旱作物以應付沙漠般的土地，有效阻絕病蟲害的繁衍，看到被刨開的園畦，再重新整理就好了。現在已學會瀟灑的面對菜園的問題，反正種菜只是圓一個讀書人「晴耕雨讀」以免「四體不勤，五穀不分」的夢。每天品嚐著辛苦種植的蔬菜，無論是甜脆的豌豆、略帶苦味的萵苣，或是平凡的蕃薯葉，都是天地間的美味，最安全的營養。不但如此，還能夠欣賞蔬菜們的成長，記下菜園的點點滴滴，更是文學創作的一個新天地。不知何時起，餐桌上已經很少出現肉食，腸胃也自然順暢，我的心浮起王國維和惟信的頓悟，菜園裡辛勤耕耘，幾度煩憂，都化作人生的智慧，陪著我，快樂的生活。

種菜，除了有形的收穫，心靈的絮語，也是我這老圃快樂成長的寫照吧！◆

茄子練瑜珈

⊙練瑜珈的茄子

茄子樹不高，摘茄子時，我通常都是側低著頭掃視垂下來的茄子，幾乎沒有漏網之茄；最近卻錯過了一條練瑜珈的茄子。

晨曦中，我逐棵修剪茄葉，眼前忽然閃進一條長相奇特的茄子：它窈窕的身子彎曲成兩個圓圈，像螺絲的紋路一般。垂掛在空中的茄子彷彿有體操細胞，竟然在沒有任何外力干預下，做出了兩個完美的旋轉，紫色的身體散發著無限光彩，我看得幾乎忘了工作。當眾茄按照既定的模樣乖乖地成長時，它卻選擇了另一種與眾不同的方式，成為一個驚嘆號。在喜悅之餘我也有一點遺憾：如果即早發現，就可以用影像記錄下它成長的過程，讓其他茄子群起效法，完成茄子們難得的瑜珈訓練班任務。

茄子躲在茄葉中默默練習瑜珈體操，也許不想出鋒頭吧；最終還是被我發現了。特立獨行的茄子獲得了我的青睞，但種茄子為生的農人呢？也許一開始就把它摘除了吧，在制式的要求下，是不太允許練瑜珈的茄子存在的；人何嘗不是？或許就要有像面對珍寶般寬容的心吧！

練完瑜珈的茄子，最後還是上了我的餐桌，因為除了拍照，它的用途還是食用。◆

⊙像盤腿而坐的老僧

188

韭菜花的圓舞曲

夏末秋初，韭菜開花了。細細瘦瘦的綠梗擎舉著白色的花苞在風中搖曳，彷彿迎風招展的白珍珠，可愛極了。

雖不若市場的韭菜花那般肥碩，我還是感謝它的辛勞，給我這麼健康的食物，摘下它，放在湯中，感恩的喝下。

⊙擁著韭菜株的花朵,彷佛紳士摟著仕女翩翩起舞

一天清晨，發現韭菜花不再往上長，竟然跳起了圓舞曲，有的繞著韭菜旋轉，把韭菜株圍抱起來，彷彿紳士輕摟著仕女的腰，正翩翩起舞呢。有的自顧自的在旁邊跳起舞來了，繞成了一個圈圈，可愛極了。我望著這些韭菜花，心中十分喜悅：對農人來說，這是幾百萬分之一的突變，絕對稀有；對我而言，卻是一場心靈的舞蹈，寫作的靈思。韭菜花呀韭菜花，感謝妳的靈性之舞！◆

⊙跳圓舞曲的韭菜花

小百科>>韭菜為多年生草本植物。富含蛋白質、維生素B、C、β胡蘿蔔素以及鈣、磷。種子外號稱作起陽籽，因其富含蒜素，可在血液中釋放一氧化二氮，讓血管擴張，改善因血脂過高而血管閉塞的患者，民間亦有「男士的威爾鋼」之稱。

美菜小撇步>>喜潮濕、多肥。深掘後分行種植，可連續收成多年，為農家必種的蔬菜。

190

豌豆鬚握手

爬藤類蔬菜如敏豆、菜豆等都有攀附物品的鬚條，像細細瘦瘦的觸手，向四面八方揮舞著，一旦勾住，就會緊緊地纏住，然後往上爬。

豌豆初長時，秀秀氣氣的，不像敏豆手腳俐落，一會兒就沿著竹架爬了上去；它的

⊙大家手牽著手像親密的好朋友

小觸手勾不住竹子，在空氣中揮呀揮的，忽然兩條觸鬚碰著了，竟然發出愛的火花，兩隻相握的手，緊緊地拉在一起，像戀愛中的情侶。我蹲在旁邊，看得出了神。豌豆們揮舞著小手，像在招呼對方，溫柔地說：「來吧，讓我們手牽著手，一起站起來！」微風拂動，它們像在跳國標舞，婀娜多姿的曼妙姿態，讓我這小菜農陶醉了。◆

⊙兩棵豌豆緊緊地握著手

192

紅蘿蔔的變裝秀

我的蘿蔔聯合國終於大功告成了！

在白蘿蔔和紅皮蘿蔔收成後的一個多月後，慢悠悠成長的紅蘿蔔也向我展露了笑容：「主人，您辛苦了，可以來採收囉。」我拿起小鏟子，向露出泥土，看起來有點壯碩的紅蘿蔔試挖下去。向下挖了十餘

⊙變形紅蘿蔔雙人組

⊙有纖細柳腰的紅蘿蔔

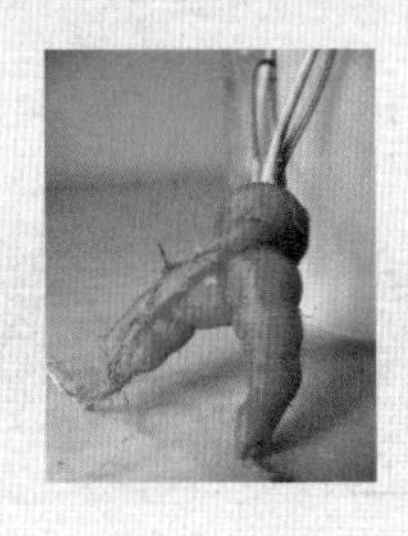

⊙超人雙腿長出長鼻子

公分，拎起了一根中型的紅蘿蔔。雖還不及市場販售的一半大，但我已十分感謝了。紅蘿蔔長得細長密實，無法像白蘿蔔用雙手拔起，親愛的老婆就不能上場表演拔蘿蔔的戲碼囉。她就在一旁為我加油打氣。我掄起鋤頭用力挖下去。鬆開的泥土立刻變成一片通紅，紅蘿蔔一根根跳了出來，彷彿土芒果青的香味瀰漫了小小的菜園，我們都陶醉了。

紅蘿蔔長得像一個倒立的細長圓錐，紅得十分豔麗，在陽光下簡直是漂亮的寶石般。在摘取紅蘿蔔時，卻發現了幾根變形的果實，十分有趣：有一根中間有了束腹，彷彿愛美的女生纖細的柳腰，泥土裡並無任何絆住它的繩子啊，為什麼會在身軀中央自然的縮小？難道這根紅蘿蔔是愛美的女生，刻意為自己打扮一番？

另一根則更有趣，主根長了五公分後分成了兩條，粗粗壯壯的，還有一圈圈肌肉，猶如超人的雙腿。它張開雙腿，細根彷彿是不甚對稱的腳掌，正要邁開腳步向前奔去。轉過另一面，雙腿上有一條細長的根，好像長鼻一般，真好玩。親愛的老婆說它是強壯的武士；我則想像如果再慢一點挖它，也許會長成另一條粗腿，屆時豈不是變成三條腿的外星人了。想到這兒，兩人不禁哈哈大笑。

挖紅蘿蔔，有收穫的快樂；在變形的紅蘿蔔裡也有欣賞和發現的趣味。感謝紅蘿蔔的變裝秀！◆

小百科>>紅蘿蔔，富含β胡蘿蔔素及各種維生素，每日吃一百克紅蘿蔔，可維護眼睛與皮膚健康，並幫助排除體內有害的自由基，增強免疫力，防癌抗衰老，對防止血管硬化、降低膽固醇和防治高血壓也有效果。被譽為「小人蔘」。

美菜小撇步>>要深鬆泥土，株距十五公分左右。排水要良好，收成前水分不可太多，若積水則根部易腐爛。

194

蔬菜聽乾旱新聞

八月莫拉克颱風後一連三個多月，南台灣竟然難得一雨，出現罕見乾旱，彷彿半年的雨水都在那一兩天全下光了。

十二月中旬，收音機裡傳來了抗旱的消息，水利單位呼籲民眾節約用水；不久，又宣布明年第一期稻作可能休耕，民眾也要有分區供水的準備。我聽了憂心忡忡，想起菜園裡那些本來就嗷嗷待水的蔬菜們，往後供水可能更吃緊囉。沒想到親愛的老婆竟然提議說：「老公，拿收音機到菜園，把乾旱的新聞播放給蔬菜們聽，讓它們知道，在這種乾旱的情勢下，它們的主人還挑水給它們喝，多麼難得，它們一定會努力生長，一暝大一寸。」我聽了哈哈大笑，親愛的老婆可真幽默，爾後澆水時，我都會對菜們唸唸有詞：「現在到處都鬧乾旱，你們還有水喝，要懂得感恩喔！」微風吹來，蔬菜們都點點頭。◆

⊙豔陽下的植物被晒得低垂著頭

195

學生參觀菜園

在科舉時代，士為各行各業之首，讀書人只管寒窗苦讀，以求一舉成名天下知，種菜是農夫們的工作，與他們無關，所以市井民眾說讀書人「四體不勤，五穀不分」，真是「良有以也」。現代都市裡的學生，是父母親的寶貝，進出都有車輛接送，每天沉迷在

⊙老師指導小朋友認識蔬菜

⊙小朋友對菜園生態很好奇

電腦、電動前，鮮有機會到郊外踏青，對泥土裡生長的作物，幾乎是「菜盲」了。

我教作文之餘常和學生們分享種菜的苦與樂。有一天，鄰近的小學放學後，有幾個作文班的學生相約參觀菜園，我和親愛的老婆當然立即成為最佳導遊，一一向他們介紹。學生們的問題，真是出乎我的意料：「紅蘿蔔長在泥土裡啊！」「高麗菜怎會住在蚊帳裡（註）？」「蕃茄不是紅色的嗎，為什麼這麼綠？」「豌豆苗怎會長得那麼高？」「這麼大的鳳梨怎看不到果實？它的果實是長在泥土裡嗎？」「那麼高的玉黍蜀怎長出那麼小的玉米？」……

我一邊解說一邊微笑，覺得我們的教育除了書本的知識教學，還需要一些實際的動態課程，不然以後學生可能真的會以為米是長在超市裡，香蕉、木瓜是長在水果攤上了。◆

註：高麗菜種在網室裡，罩著像蚊帳的紗網。

附錄一 其他常種蔬菜

01 芹菜

小百科：富含胡蘿蔔素、碳水化合物、脂肪、維生素B、C、糖類、胺基酸及礦物質和纖維質，其中磷和鈣的含量較高。芹菜味辛、甘，性涼，清熱平肝，有健胃、降壓等功效。

美菜小撇步：發芽慢，可先將種子泡水一～二天。需充足水分。長大後可從外向內剪枝食用，會不斷生長。

02 芫荽

小百科：又名香菜。富含維生素B1、B2、C、β胡蘿蔔素，以及豐富的礦物質，如鈣、鐵、磷、鎂等。中醫認為香菜性溫味甘，能健胃消食、發汗透疹、利尿通便、驅風解毒。它的芳香氣味可避穢醒脾，多用於菜餚之調味。

美菜小撇步：水分充足即容易生長。病蟲害少。因多供調味用，所以均採少量種植，或種在花盆裡。

03 芋頭

小百科：富含蛋白質、醣類、膳食纖維、鉀、鎂、鐵、鈣、磷、維生素B1、B2、C等。能助消化、改善便祕、降血壓、利尿。但芋頭含有草酸鈣，接觸到皮膚會有發癢的現象，生食則會對嘴唇、舌、皮膚造成傷害，所以要熟食。另外，芋頭易導致脹氣，腸胃道消化功能較差或是容易脹氣者應減少食用

美菜小撇步：要種在排水良好的土壤，宜多施肥。芽太多時可適當疏芽，以免養分不足影響成長。

04 小黃瓜

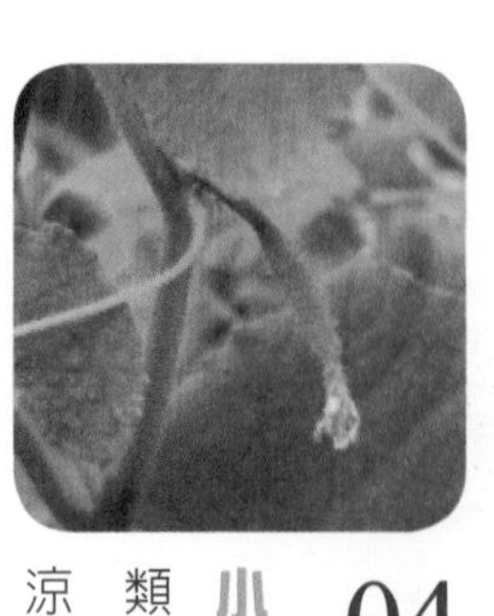

小百科：富含鉀鹽、維他命A、糖類B、鈣、磷、鐵、硒，以及丙醇二酸，可抑製糖類轉化為脂肪，可做為減肥食品。嫩籽含維生素E，清香可食。中醫認為其味甘、性涼，可除熱、利尿、解毒。有美膚作用，常有女性將黃瓜片貼在臉上以改善面部皮膚。

美菜小撇步：容易栽種，但結果時易被果蠅叮咬影響成長，要注意防範（可用套袋法）。

05 蒜

小百科：與蔥一樣，蒜也是很普遍的香料調味品。有刺激性氣味，富含大蒜素。《本草綱目》記載蒜可治療便毒諸瘡、產腸脫下、小兒驚風。現代醫學認為大蒜能提高免疫力，提高人體淋巴T細胞、巨噬細胞等免疫系統轉化能力。

美菜小撇步：分蒜頭與蒜苗用兩種。宜深種並多施肥、澆水。

06 菠菜

小百科：富含維生素A、B、C、D、胡蘿蔔素、蛋白質、鐵、磷、草酸鈣等。植物粗纖維，可促進腸道蠕動，利於排便。

美菜小撇步：喜冷濕氣候，少病蟲害，容易栽種。

07 芥藍菜

小百科：富含維他命B1、B2、C、鈣、磷、鐵質、胡蘿蔔素、纖維質、草酸。中醫認為易消化，有清熱氣、通便，改善消化性潰瘍疼痛之效，利五臟六腑、補骨髓、利關節、通經活絡。

美菜小撇步：身材稍大，株距宜寬，散播時要疏苗。成長期間易有青蟲害，要多除蟲。可剝嫩葉食用。

08 芥菜

小百科：味辛、性溫，屬於鹼性蔬菜，富含維生素A、B群、煙鹼酸與鈣。具有開胃、促進食慾、祛痰、解燥之效。在酷暑時食用芥菜湯可預防暑熱痛。根據醫學專家證實，芥菜可以避免腫瘤持續增長，被視為具有抗癌效果的蔬菜之一。

美菜小撇步：水分要充足，成長期間易有蟲害，要注意除蟲。纖維稍粗，宜趁嫩食用。

09 茴香菜

小百科：有特殊的香味。營養價值高，含維生素A、鈣。中醫認為茴香富含茴香油，能刺激胃腸神經血管，促進消化液分泌，有健胃、益筋骨、行氣的功效。

美菜小撇步：水分要充足，容易種植，但成長慢，宜多施肥。

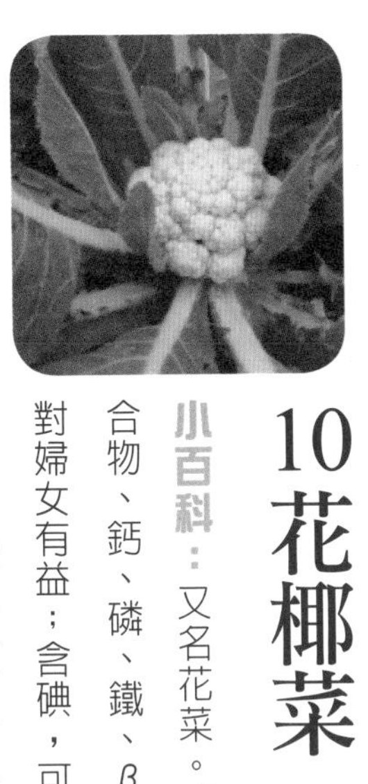

10 花椰菜

小百科：又名花菜。富含維他命A、B1、B2及維他命C，以及蛋白質、脂肪、碳水化合物、鈣、磷、鐵、β胡蘿蔔素等。據研究，深色花椰菜含植物性荷爾蒙（黃體素），對婦女有益；含碘，可調節甲狀腺功能，亦可抵抗黑斑、雀斑、動脈硬化、感冒。綠花椰富含抗癌物質，可多食用。

美菜小撇步：宜多施肥，成長期間多青蟲害，結花球時可套以透明袋。

11 皇宮菜

小百科：富含維生素A、B2、C及β胡蘿蔔素、鈣、鐵，多醣體，有抗氧化、防癌功效。中醫認為可健胃補脾、利濕、解毒、通便並可改善胃病、肝病、便血、糖尿病等。民間傳說其黏液可益胃。

美菜小撇步：只要水分及陽光充足，便會長得很好。少蟲害。採收時可剪嫩莖摘葉，留幾枝側芽再讓其生長，可採收一整年。秋冬會開花結果，但不影響收成。

12 莧菜

小百科：富含蛋白質、脂肪、醣類、水分、維生素A、B、C、鐵、鈣、磷。含草酸量高，結石病患宜少食用。

美菜小撇步：只要水分充足，便容易生長。採收時可剪嫩莖，留幾枝側芽再讓其生長，可採收多次。

13 蔥

小百科：在東亞國家以及華人區，蔥是最普遍的香料調味品。在粥、麵、炒菜、炒飯中加點蔥花，能添香提味，增進食慾。富含抗氧化維生素A和C，以及能提升免疫力的硒。

美菜小撇步：蔥要深種在易排水的菜畦，成長容易。

14 九層塔

小百科：又名羅勒。大多做為配菜香料。最近科學研究證實：九層塔具有強大的抗氧化、防癌、抗病毒和抗微生物性能。

美菜小撇步：容易栽種。秋冬時節會開花，要將花摘去，否則易死亡。

15 青江菜

小百科：富含維生素A、B1、B2、C、β胡蘿蔔素、鉀、鈣、鐵、蛋白質。對高血壓、動脈硬化有預防的效果，可維持牙齒、骨骼的強壯、保養眼睛、肌膚，富有纖維質，可改善便秘。

美菜小撇步：容易生長，但成長期間易有青蟲害，要多除蟲。

16 青椒

小百科：富含維他命A、B、C、K、鐵質。可增強身體抵抗力、防止中暑、促進復原力。夏天多食用青椒，可促進脂肪的新陳代謝，避免膽固醇附著於血管，能預防動脈硬化、高血壓、糖尿病等症狀。

美菜小撇步：水分不宜太多。病蟲害多，宜注意除蟲；若有病株，立即拔除。

17 油菜

小百科：富含維生素A、B、C、鈣、纖維。能促進血液循環，可助通便，改善老人脾胃虛弱、肩痠。

美菜小撇步：容易生長，但成長期間易有青蟲害，要多除蟲。纖維稍粗，盡量在開花前趁嫩食用。

205

附錄二 有機種菜小叮嚀

壹、菜畦

一、將泥土深挖二、三十公分，徹底撿除石頭與土香草。
二、做每塊六十～七十公分寬，高約十公分的菜畦，畦溝約一個半鋤頭寬。
三、倒入堆肥、動物糞肥、油粕、草木灰等做基肥，以及可以平衡泥土酸鹹度的苦土石灰，翻掘均勻，一週後即可種植。
四、土質不宜太黏或太硬，可購買摻有稻殼的動物肥或堆肥來改善土壤。
五、排水要良好，若積水則會影響蔬菜生長，也容易爛根死亡。
六、如果可以用塑膠板將菜畦圍起來更佳，可保持菜畦長期的完整，並減少下雨時泥土的流失。畦溝可以放置塑膠布，雜草就不易滋生，菜園會變得乾淨清爽。

貳、種子

一、宜向可靠的店家購買，才有品質保證，以免買到過期或品質不佳的種子。

二、部分葉菜如蕃薯葉、皇宮菜、韭菜等可採用原株扦插或分苗法。大多數蔬菜如玉蜀黍、秋葵、花生、敏豆等若自行留果實作種，會產生變種，影響生長，建議向店家購買，收穫及品質才會穩定。

三、放置時間愈長，發芽率愈低，宜少量購置，用完再買；未用完的可放置在冰箱冷藏室保存。

參、菜苗與疏苗

一、坊間有苗圃販售各式季節性菜苗，十分方便，可視需要購置。買時宜多購一成，以供定植後補充之用（小菜苗生命力脆弱，易遭蝸牛、草蛭之害，照顧不當亦會死亡）。

二、可採自行育苗，原則如下：

1.食用根部類的蔬菜如蘿蔔可採穴播，以免定植時傷及根部影響果實生長。

2.白菜、空心菜、莧菜等可採散播法。

3.大多數蔬菜皆可採先育苗再定植法。育苗時要用大型花盆。下大雨時可用板子蓋住，以免水分太多而爛根。

三、散播種子發芽長出兩片葉子後要開始疏苗，視蔬菜大小留適當株距；穴播苗則待稍大後留一棵即可（豌豆可留二～三棵）。

肆、定植

一、菜苗有四～六片葉子即可定植；太小則易死亡。

二、植穴要挖得稍大，先埋入堆肥或動物糞肥，澆水，再放入菜苗，將泥土輕輕撥攏、壓平，若泥土乾燥則酌量澆水；若泥土潮濕則隔日再澆水。澆水時不宜太多，否則易爛根。

伍、澆水

一、夏天早晚各澆一次，春、秋在下午澆水，冬季則在上午。

二、澆水要視植物需要，適量即可。

陸、肥料

一、將動物肥（雞、羊、牛糞）、堆肥、油粕、草木灰等埋在土中做基肥，追肥時可用顆粒狀的有機肥。

二、追肥大約半個月一次，放置在植物旁邊約五～十公分，量不要太多，以免造成肥害（大多數初種者易犯此現象）。

柒、蟲害

一、選擇較無蟲害的蔬菜，如茼苣、莧菜、菠菜等；十字花科如高麗菜、白菜、花椰菜、結頭菜等易生蟲害，可罩以紗網，做成小網室栽培。

二、將辣椒切碎，加入醋浸泡一週後加水稀釋，過濾後噴植物，可驅蟲或稍微減緩蟲害。

三、向農藥店購買捕捉果蠅的小籠子、藥品，放置在植物旁，可減緩蠅害。

四、嚴重的病株要立即拔除，以免擴大疫情。

捌、成長

一、成長時期要注意澆水、施肥、除雜草、除蟲。有機種植強調不使用農藥，對付蟲害的方法，只有一個「勤」字。

二、要使蔬菜長得好，需要摘芯與摘芽。大型爬藤類如南瓜、胡瓜、冬瓜、絲瓜等，長約二公尺後就要準備摘掉主芯，讓側芽生長，可增加開花與結果數量。茄子、蕃茄就需要摘掉大部分側芽，才不會因芽太多而影響結果。工作時一定要使用剪刀，以免傷及植物。

三、有些蔬菜需要立支架加強支撐力，如茄子；有些需要用竹子搭架子讓它攀爬，如敏豆、菜豆、豌豆、苦瓜、蕃茄等。要防強風來襲，可用塑膠繩綁在竹子上。

四、蔬菜怕強風，可在菜園四週或迎風面種綠籬擋風，也可以用密度高的黑網圍起來，減緩風力。

玖、採收

一、部分蔬菜無法再生，要全株採收，如菠菜、高麗菜、花椰菜等。

二、部分蔬菜再生能力強，可採剝葉、剪葉、摘芯法等長期食用，如萵苣、芹菜、皇宮菜、龍鬚菜、茼蒿等。

三、蔬菜本身很脆弱，一旦藤蔓折斷或受傷就會影響生長及結果。無論豆類、茄子、南瓜、絲瓜等小型或大型果實，採收時都要養成好習慣使用剪刀，不可強力扯斷。

拾、堆肥

一、易腐爛的葉子、草與廚餘、米糠等物皆可製作。

二、掘深坑，將葉子或廚餘等倒入，覆上一層泥土，一層又一層堆置，最後覆上厚土，踩實，一個月後實施翻掘作業，二至三次後即可熟成使用。

三、利用大型塑膠米袋製作：將一層廚餘覆上一層泥土，適量澆水，壓實後放置一個月即可使用。

拾壹、菜園管理

一、收成後要挖鬆菜畦，清理菜葉、雜草等，保持菜園整潔。

二、收成後宜讓土壤休養一～二週，再依本文第一點處理土壤，然後再種植。

三、為達泥土營養均衡，葉菜類、根莖類、果實類皆要採取輪種，不可連作，否則容易生「連作障礙」：易生病蟲害、營養不均衡。

四、可酌種些花卉，如玫瑰、天堂鳥、彩葉草、野薑花等，可以美化菜園。

如果您已依序完成到第拾壹項，恭喜您，您已是個有經驗的菜農囉！

祝您：種菜成功、收穫滿籮筐！

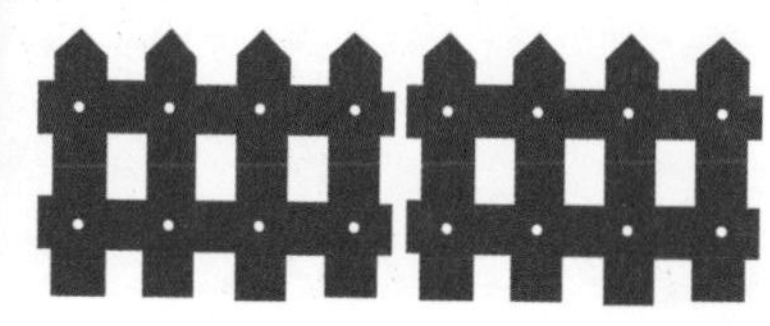

211

附錄三 蔬果栽培季節表

編號	蔬果名稱	適合栽培季節	種植難度	備註
01	樹豆	春天（清明前）	易	
02	秋葵	春～夏	普通	
03	紅鳳菜	春～秋	易	
04	絲瓜	春～秋	易	
05	空心菜	春～秋	易	
06	芹菜	春～秋	易	
07	玉蜀黍	春～秋	普通	
08	長豇豆	春～秋	普通	
09	敏豆	春～秋	普通	
10	青椒	春、秋	普通	
11	芋頭	春～秋	普通	
12	苦瓜	春～秋	難	
13	小黃瓜	春～秋	難	

編號	蔬果名稱	適合栽培季節	種植難度	備註
14	南瓜（木瓜形黃肉）	春～秋	難	橘、紅色果：冬
15	甜根菜	秋～冬	易	
16	妹仔菜（A菜等）	秋～冬	易	
17	豌豆	秋～冬	易	
18	茼蒿菜	秋～冬	易	
19	茴香菜	秋～冬	易	
20	菠菜	秋～冬	易	
21	蒜	秋～冬	易	
22	芥藍菜	秋～冬	普通	
23	蘿蔔（圓形）	秋～冬	普通	長形：春～夏
24	紅蘿蔔	秋～冬	普通	
25	芥菜	秋～冬	普通	
26	高麗菜	秋～冬	難	
27	結頭菜	秋～冬	難	
28	花椰菜	秋～冬	難	
29	莧菜	全年	易	
30	皇宮菜	全年	易	

附記：

一、季節所屬月分：春：2～4月；夏：5～7月；秋：8～10月；冬：11～1月。

二、本表所列適合季節係以一般平地家庭栽培為主。專業栽培者會利用催芽等方法，突破季節限制；部分秋冬季節蔬菜春夏時也可以在中高海拔栽種，兩者皆不在此限。另臺灣氣候各地均不同，種植時間也不一致，北部可再延後半個月；南部可提早半個月。

三、同類蔬菜又可再細分，如妹仔菜有傳統、半包妹、全包妹、圓萵苣、尖萵苣等，茄子有糯米茄、胭脂茄、圓形、長形等，栽種季節大抵相仿，不再一一縷列。

四、天氣異常也會影響蔬菜生長：蔬菜育苗受雨水影響極大，若播種時受豪雨浸泡，發芽率會降低，甚至不發芽，應再重種。東部秋冬受東北季風影響，蔬菜成長較不易，要注意防風，可種樹籬或圍塑膠布等。

編號	蔬果名稱	適合栽培季節	種植難度	備註
31	蕃薯（葉用）	全年	易	
32	花生	全年	易	
33	九層塔	全年	易	
34	韭菜	全年	易	
35	蔥	全年	易	紅蔥頭：秋～冬
36	芫荽	全年	易	
37	青江菜	全年	普通	
38	小白菜	全年	普通	冬天易開花
39	油菜	全年	普通	
40	茄子	全年	普通	
41	辣椒	全年	普通	
42	草莓	秋～冬	普通	
43	蕃茄	秋～冬	普通	
44	木瓜	全年	普通	
45	鳳梨	全年	易	生長期一年以上
46	香蕉	全年	易	生長期約一年
47	甘蔗	春、秋	易	生長期一年以上

五、若想獲得更多蔬菜種植知識，建議多請教老圃及上網查詢，吸收同好心得；也可閱讀《農友》雜誌（臺灣省農會出版）。坊間也有許多蔬菜栽培書可參考，但翻譯書中的栽培季節，不一定適合本地。

六、表中的難易度為筆者種菜的經驗（採有機種植，不噴農藥，不施化肥），僅供參考。難易度標準如下：難：易遭蟲害、水害；普通：偶有蟲害，容易成長；易：少有蟲害，容易照顧。

●栽培季節由台東市張東麟先生提供業餘種菜同好參考

●製表：吳當

有機耕耘與閱讀

215
跋

像火車快速行過敻遼的大地，拿起鋤頭學做農夫，轉瞬間已將近三個春秋。初學為農，彷彿迎接新生嬰兒的父母，總是狀況頻頻，甭說種出外型佼好的蔬菜，連雜草和蟲蟲都把我忙得人仰馬翻，無法招架。回顧那段挫折連連的日子，卻是我獲益最多的時刻，不但是物質上的收穫，還有精神上豐盈的領悟。

收集在書中的四十五篇文章，就是我在晴耕雨讀中的另一份成果：打種菜起，我就細心的用相機記下菜園的點點滴滴，然後發抒為文字。〈陶淵明的夢〉一文是我熱愛種菜的心情，〈菜園戀人〉是我熱愛種菜的心情，〈菜園的藍圖〉一文是我菜園的藍圖，〈菜園絮語〉則寄寓了我最深的感觸，其他文章則是蔬菜們成長的身影。書寫這些作品時的心情是輕鬆的，像品嚐美食或暢遊美景，沒有任何負擔與壓力。我快樂地寫作、發表，獲得不少共鳴，讓我耕耘的手更加勤快了。

感謝更生日報副刊的林主編，提供了一塊以筆為鋤、耕耘心靈的舞臺，讓這些文章有發表的園地；感謝親愛的老婆，無論摘回什麼菜，她總是開心地給我鼓勵，讓我耕耘的力量源源不絕；感謝秀威的林小姐，在她細心的計畫下，我又加入了附錄中的各項資料，提供在閱讀這些從文學角度撰寫的作品後，有興趣耕耘的讀者們參考。而親愛的讀者，當您賞讀本書時，則是分享了我漫漫時日汗水與心靈的結晶，最有機的文學作品。

有機種植是現代人迫切需要的安全營養食物，有機寫作也是紛亂的時代裡的一股清流。祝福辛勤的小菜農們，願園地裡永遠欣欣向榮，收穫滿盈；祝福閱讀有機書籍的讀者們，願您的心靈永遠清明舒暢。

壬辰年春　台東鯉魚山下

生活風格類　PE0027　瘋生活05

樂活菜園

作　　者 / 吳　當
責任編輯 / 林千惠
圖文排版 / 陳佩蓉
封面設計 / 陳佩蓉

發 行 人 / 宋政坤
法律顧問 / 毛國樑　律師
印製出版 / 秀威資訊科技股份有限公司
114台北市內湖區瑞光路76巷65號1樓
電話：+886-2-2796-3638　傳真：+886-2-2796-1377
http://www.showwe.com.tw
劃撥帳號 / 19563868　戶名：秀威資訊科技股份有限公司
讀者服務信箱：service@showwe.com.tw
展售門市 / 國家書店（松江門市）
104台北市中山區松江路209號1樓
電話：+886-2-2518-0207　傳真：+886-2-2518-0778
網路訂購 / 秀威網路書店：http://www.bodbooks.com.tw
國家網路書店：http://www.govbooks.com.tw
圖書經銷 / 紅螞蟻圖書有限公司
114台北市內湖區舊宗路二段121巷28、32號4樓
電話：+886-2-2795-3656　傳真：+886-2-2795-4100

2012年7月BOD一版
定價：350元

國家圖書館出版品預行編目

樂活菜園 / 吳當著.-- 一版. -- 臺北市：
秀威資訊科技, 2012.07
面； 公分. --
BOD版
ISBN 978-986-221-958-4(平裝)

1. 蔬菜 2. 栽培 3. 通俗作品

435.2　　　　101006656

讀者回函卡

感謝您購買本書，為提升服務品質，請填妥以下資料，將讀者回函卡直接寄回或傳真本公司，收到您的寶貴意見後，我們會收藏記錄及檢討，謝謝！如您需要了解本公司最新出版書目、購書優惠或企劃活動，歡迎您上網查詢或下載相關資料：http:// www.showwe.com.tw

您購買的書名：________________________________

出生日期：________年________月________日

學歷：□高中（含）以下　□大專　□研究所（含）以上

職業：□製造業　□金融業　□資訊業　□軍警　□傳播業　□自由業

□服務業　□公務員　□教職　□學生　□家管　□其它_____

購書地點：□網路書店　□實體書店　□書展　□郵購　□贈閱　□其他

您從何得知本書的消息？

□網路書店　□實體書店　□網路搜尋　□電子報　□書訊　□雜誌

□傳播媒體　□親友推薦　□網站推薦　□部落格　□其他__________

您對本書的評價：（請填代號　1.非常滿意　2.滿意　3.尚可　4.再改進）

封面設計____　版面編排____　內容____　文／譯筆____　價格____

讀完書後您覺得：

□很有收穫　□有收穫　□收穫不多　□沒收穫

對我們的建議：________________________________

____

____

____

請貼
郵票

11466
台北市內湖區瑞光路 76 巷 65 號 1 樓
秀威資訊科技股份有限公司 收
BOD 數位出版事業部

（請沿線對折寄回，謝謝！）

姓　名：＿＿＿＿＿＿＿＿ 年齡：＿＿＿＿ 性別：□女 □男

郵遞區號：□□□□□

地　址：＿＿＿＿＿＿＿＿＿＿＿＿＿＿＿＿

聯絡電話：(日)＿＿＿＿＿＿＿＿ (夜)＿＿＿＿＿＿＿＿

E-mail：＿＿＿＿＿＿＿＿＿＿＿＿＿＿＿＿